中国孩子特爱看的

# 中国儿童百科全书

ZHONGGUO HAIZI TE AIKAN DE
ZHONGGUO ERTONG BAIKE QUANSHU

注音彩图版

## 自然魔法

总策划／邢涛　主编／龚勋

汕頭大學出版社

世界儿童基金会
林春富

tui jian xu

# 推荐序

## 原来，百科全书可以如此精彩而有趣！

如果用不同类型的人来比喻不同类型的书，那么“百科全书”在许多家长和孩子眼里都会是一个须发皆白的老者，虽然满腹经纶，但那高高在上的工具书的面孔总会让人敬而远之，因此常常被束之高阁。而本套百科全书却更像一个带领孩子们去冒险的伙伴，伴随他们在知识的王国慢慢长大。

儿童的成长是积极地建构自身的过程。在这个过程中，主动学习知识比被动吸收信息对他们的身心发展更有益处，这种自主认知的内驱力将成为儿童提高、完善自我的动力之源。因此，寻找到一套能使孩子们爱不释手，同时又能在阅读过程中获益匪浅的书籍，将是父母们最感欣慰的事情。

本套百科全书正是这样一套依据儿童本位、符合儿童认知规律的优秀图书。它不同于传统意义上“大而全”的百科全书，不追求卷帙浩繁的大部头气派和道貌岸然的说教式姿态，而是以调动儿童阅读兴趣为出发点，以激发儿童求知欲、开启儿童智慧心门、培养儿童探索精神和创造性思维为编撰宗旨，在整体策划上呈现出知识性与趣味性相结合、互动交流的“授业解惑”与轻松愉快的阅读氛围相结合的全新形式。

丰富有趣的知识内容、灵活新颖的学习方式、快乐认知的阅读感受，将使孩子们在通向未来的旅程上信心满满，以富有创造精神的头脑迎接五彩缤纷的大千世界。

shen ding xu

# 审定序

中国儿童教育研究所
陈勉

## 将快乐学习进行到底！

每个孩子都是爱玩的，实际上，“玩”在他们的成长过程中是一种了解世界的学习方式。将严肃、枯燥、被动的说教式教育变为活泼、有趣、主动的快乐学习，对正处于生长发育期的幼儿来说非常有益，能使他们在玩中自然而然地将各种有用的知识收入囊中，最大限度地开发出个人潜能。

本套“中国孩子最爱看的中国儿童百科全书”正是在充分了解了儿童学习特点的基础上精心编撰而成的，内容选取儿童成长过程中最需学习、掌握的十类自然与人文百科知识，每一本都能有效地帮助他们建立起对整个世界的认识。同时，针对儿童容易分心的认知特点，本套书的编撰者们在版式设计上也别具匠心，突破了传统的图文互配的简单形式，将阅读主题通过制作精良、别开生面的场景图片展现出来，让孩子们边玩边学，培养起求知好学的兴趣，将各种百科知识充分吸收。

没有兴趣的强制性学习，只会扼杀孩子探求真理的天性，抑制他们智力的发展。因此，只有在保持儿童学习兴趣的基础上，才能充分调动起他们探索未知的勇气和信心。相信本套“中国儿童百科全书”在带给孩子新鲜的阅读感受的同时，也使他们积累了认识和开发世界所必需的知识，使美好的童年生活变得更加丰富，无比充实。

# QIAN YAN 前言

在我们生活的广阔天地里，大自然亿万年的造化神工不断地演绎着这个世界的多姿多彩。在辽阔无垠的大地上，它不遗余力地造就了无数震撼人心的地理奇观和丰富多彩的生物王国，壮观的波浪岩、恐怖的“魔鬼城”、奇异的跳舞草、可爱的企鹅……将苍茫大地上的奇美胜景和勃勃生机显露无遗。在浩瀚无边的天空里，它时时上演一幕幕奇异的天象景观，变幻不定的云彩、绚丽多姿的极光……万千气象在此一一展现。

《自然魔法》分为“大地的魔术”、“生物王国的戏法”、“天空的变奏”三个篇章，详尽介绍了各种特殊地貌及其成因、动植物生长的奥秘、天气变化的原理等内容。从浩瀚的海洋到广阔的天空，从葱翠的森林到荒芜的沙漠，处处显示了高深的自然魔法。为了使小读者能够更好地体会书中的知识，我们不仅对每个知识点进行了深入浅出、通俗易懂的讲解，而且配以大量精美绝伦的图片，并按照图文并茂的思路科学编排，使得书中文字与图片相得益彰，引人入胜。

本书将引导小读者们与大自然做一次亲密的接触，追溯地球的身世之谜，倾听沙漠的动人声音，参观动物们的“别墅”，目睹奇异的天象……让小读者们充分感受到大自然的美丽与神奇！

# 如何阅读本书

《自然魔法》是一部面向儿童的科普读物，虽然讲的是严谨、科学的自然知识，但是内容活泼，注重知识性、趣味性的有机统一。全书分为三个篇章，分别讲述了地理的知识、植物动物生长的学问、气象万千的天气变化情况。每个篇章里面包含若干个知识点，每个知识点分别从现象入手，介绍了原理，分析了成因，并阐述了相关的知识，同时还配上了精美的图片，以做到图文并茂，赏心悦目。为方便读者阅读本书，现对本书的体例详细说明如下：

**书眉**

双数页码的书眉标示系列书名及本书书名，单数页码的书眉标示篇章名。

**主标题**

本书所讲述的知识点。

**辅标题**

本书所介绍的基本知识点。

**自然魔法书**

通过对自然现象的精彩描写，引导小读者们迅速进入主题。

**辅标题说明**

对所介绍的基本知识点的详细阐述。

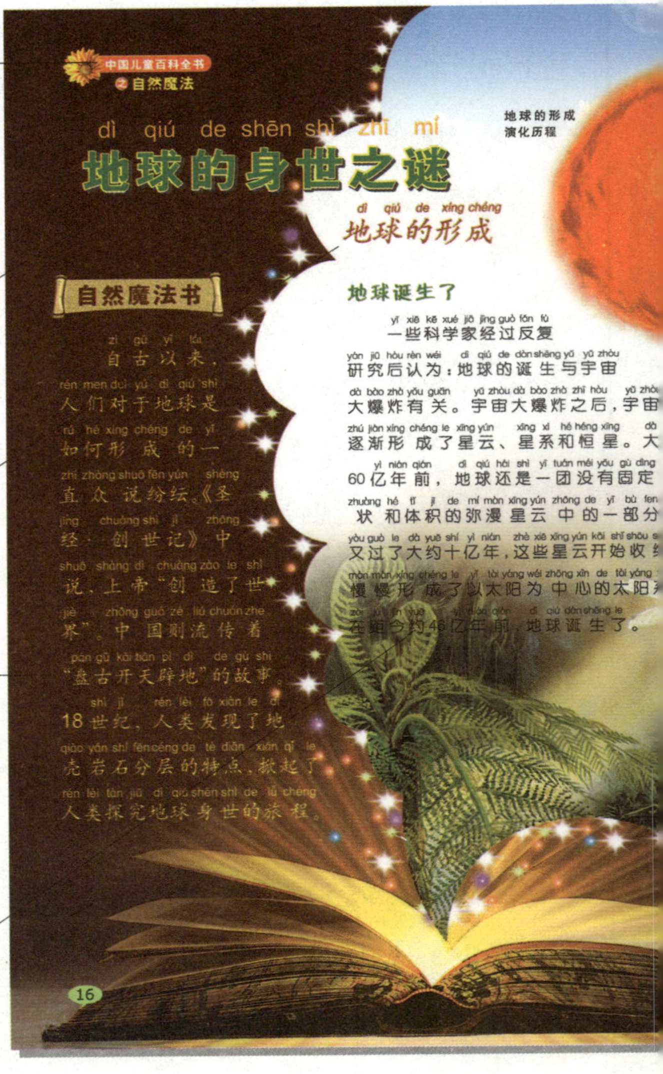

**篇章页**

本章所要介绍内容的总括。

**篇章内容概述**

介绍本章主要内容的说明文字，引导读者轻松了解与掌握全篇内容要点。

**图注**

对图片生动具体的说明。

**图片**

与本书知识点相关的精美图片，使您对相关内容有更感性、更直观的认识。

**魔法揭秘**

对自然魔法书里提及的现象作出解释，并对主要知识点作一个总结性的概括说明。

# 目录 MULU

## 第一章

## 大地的魔术

# 目录 MULU

## 第二章

## 生物王国的戏法

# 目录 MULU



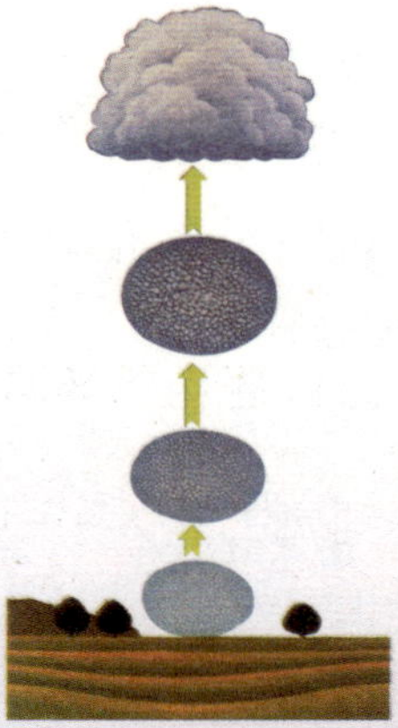

## 第三章

## 天空的变奏

## 第一章

# 大地的魔术

zài wǒ men lài yǐ shēng cún de dì qiú shang dà zì rán jìn qíng de shī zhǎn kāi tā
在我们赖以生存的地球上，大自然尽情地施展开它
de mó fǎ zào jiù le wú shù lìng rén zhèn hàn de dì lǐ qí guān dà mò shēn chù de
的魔法，造就了无数令人震撼的地理奇观。大漠深处的
mó guǐ chéng yǐ yī liè liè duàn duàn xù xù yán shēn de cháng tiáo xíng tǔ dūn hé āo dì
“魔鬼城”，以一列列断断续续延伸的长条形土墩和凹地
gōu cáo jiàn gé fēn bù de dì mào zǔ hé wèi wǒ men zhǎn shì le qiān qí bǎi guài de yǎ
沟槽间隔分布的地貌组合，为我们展示了千奇百怪的“雅
dān dì mào qí yì de pà mù kè bǎo hé měi lì de yún nán shí lín zé fēn bié yǐ céng
丹地貌”。奇异的帕木克堡和美丽的云南石林则分别以层
céng dié qǐ de bái sè pō dì hé xióng hún qí wěi de shí huī shí fēng lín xiàng wǒ men zhǎn
层叠起的白色坡地和雄浑奇伟的石灰石峰林向我们展
shì le kā sī tè dì mào wán quán bù tóng de liǎng miàn cǐ wài běn zhāng hái jiāng xiàng
示了喀斯特地貌完全不同的两面。此外，本章还将向
nǐ jiè shào xǔ duō jīng xīn dòng pò de dì lǐ qí guān qí wěi de jù rén zhī lù zhuàng guān
你介绍许多惊心动魄的地理奇观：奇伟的巨人之路、壮观
de bō làng yán yì cǎi fēn chéng de tǔ lín mí rén de bīng chuān wān
的波浪岩、异彩纷呈的土林、迷人的冰川湾……

dì qiú de shēn shì zhī mí
# 地球的身世之谜

地球的形成
演化历程

dì qiú de xíng chéng
## 地球的形成

### 自然魔法书

zì gǔ yǐ lái
自古以来，
rén men duì yú dì qiú shì
人们对于地球是
rú hé xíng chéng de yī
如何形成的一
zhí zhòng shuō fēn yún shèng
直众说纷纭。《圣
jīng chuàng shì jì zhōng
经·创世记》中
shuō shàng dì chuàng zào le shì
说，上帝“创造了世
jiè zhōng guó zé liú chuán zhe
界”。中国则流传着
pán gǔ kāi tiān pì dì de gù shi
“盘古开天辟地”的故事。
shì jì rén lèi fā xiàn le dì
18世纪，人类发现了地
qiào yán shí fēn céng de tè diǎn xiān qǐ le
壳岩石分层的特点，掀起了
rén lèi tàn jiū dì qiú shēn shì de lǚ chéng
人类探究地球身世的旅程。

### 地球诞生了

yī xiē kē xué jiā jīng guò fǎn fù
一些科学家经过反复
yán jiū hòu rèn wéi dì qiú de dàn shēng yǔ yǔ zhòu
研究后认为：地球的诞生与宇宙
dà bào zhà yǒu guān yǔ zhòu dà bào zhà zhī hòu yǔ zhòu jiān
大爆炸有关。宇宙大爆炸之后，宇宙间
zhú jiàn xíng chéng le xīng yún xīng xì hé héng xīng dà yuē
逐渐形成了星云、星系和恒星。大约
yì nián qián dì qiú hái shì yī tuán méi yǒu gù dìng xíng
60亿年前，地球还是一团没有固定形
zhuàng hé tǐ jī de mí màn xīng yún zhōng de yī bù fen
状和体积的弥漫星云中的一部分。
yòu guò le dà yuē shí yì nián zhè xiē xīng yún kāi shǐ shōu suō
又过了大约十亿年，这些星云开始收缩，
màn màn xíng chéng le yǐ tài yáng wéi zhōng xīn de tài yáng xì
慢慢形成了以太阳为中心的太阳系。
zài jù jīn yuē yì nián qián dì qiú dàn shēng le
在距今约46亿年前，地球诞生了。

地球经过几十亿年的演变，才形成今天的模样。

## 原始地球的变化

地球刚诞生的时候，是一个凄凉寂静但又炙热无比的星球。它内部的高温导致岩浆经常喷出地球表面，与岩浆一起喷出的还有成分各异的气体和大量水蒸气。气体越聚越多，形成了原始的大气层。水蒸气则一部分停留在地面低洼处，一部分上升到天空成为云彩。不久，地球温度降低了，水蒸气变成雨，降至地面，最后逐渐聚集扩大形成海洋。紧接着，最早的原始生命在海洋中诞生了。

地球内部熔岩在喷发过程中散出大量气体，使天空显得黑压压的。随着气温降低，大量水蒸气变成降水落到地面的洼地上，慢慢就形成了原始的海洋。

### 魔法揭秘

地球决不像神话里说的那样是在短时间内形成的，它是在宇宙亿万年运动、变化的过程中逐渐形成的。

经过漫长的岁月，地球上逐渐出现了原始的生命。

cāng hǎi sāng tián de jù biàn

# 沧海桑田的巨变

dì qiào de yùn dòng

## 地壳的运动

### 自然魔法书

yī xiē kē xué gōng zuò zhě zài xǐ mǎ lā yǎ shān qū jìn xíng kē xué kǎo chá shí céng zài dì céng zhōng fā xiàn le xǔ duō gǔ dài hǎi yáng dòng wù hé hǎi yáng zhí wù de huà shí rú sān yè chóng yǒu kǒng chóng yīng wǔ luó jú shí hǎi bǎi hé děng zhè shì zěn me huí shì ne

一些科学工作者在喜马拉雅山区进行科学考察时，曾在地层中发现了许多古代海洋动物和海洋植物的化石，如三叶虫、有孔虫、鹦鹉螺、菊石、海百合等。这是怎么回事呢？

### 地壳运动

yóu dì qiú nèi bù néng liàng suǒ yǐn qǐ de dì qiào fā shēng biàn xíng hé wèi yí de dì zhì gòu zào jiào zuò dì qiào yùn dòng dì qiào yùn dòng de xíng shì yǒu dà lù piāo yí bǎn kuài yùn dòng zào shān yùn dòng dì zhèn huǒ shān bào fā děng gēn jù yùn dòng xìng zhì hé fāng xiàng de bù tóng dì qiào yùn dòng yòu fēn wéi shuǐ píng yùn dòng hé chuí zhí yùn dòng

由地球内部能量所引起的地壳发生变形和位移的地质构造叫做地壳运动。地壳运动的形式有大陆漂移、板块运动、造山运动、地震、火山爆发等。根据运动性质和方向的不同，地壳运动又分为水平运动和垂直运动。

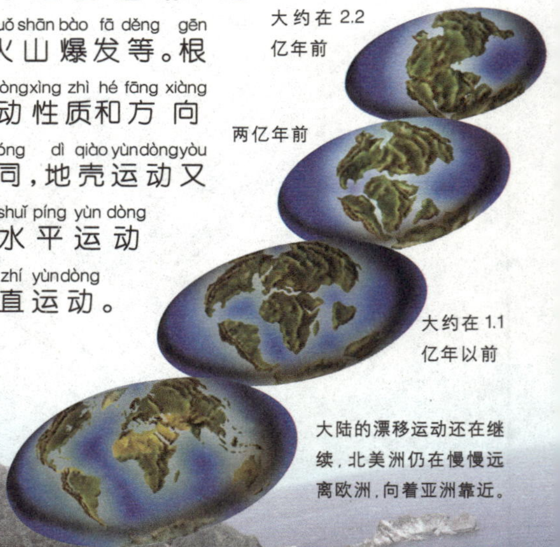


陆地变迁示意图

## 板块构造

1968年，法国科学家勒皮顺提出：地球表面的岩石圈并非一块密不可分的“铁板”，而是许多被分割开的相互独立的块状体，即“板块”。据此，科学家将岩石圈分成了独立的七大板块，即太平洋板块、印度洋板块、欧亚板块、非洲板块、北美洲板块、南美洲板块和南极洲板块。

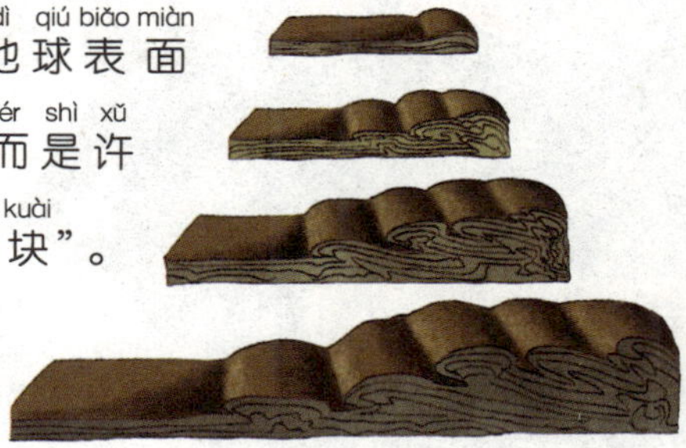

**模拟造山运动**

用机器将不同颜色的沙子层层铺在一层纸上，然后慢慢卷起这层纸，带动沙层，使沙层缩短，产生褶皱、断层而模拟出板块潜没带的造山过程。

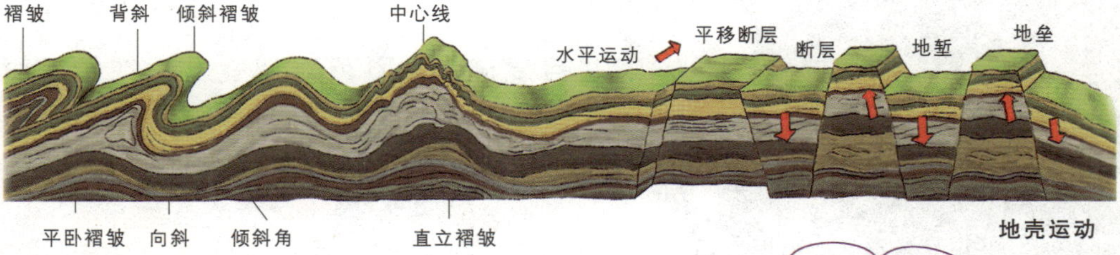


**地壳运动**

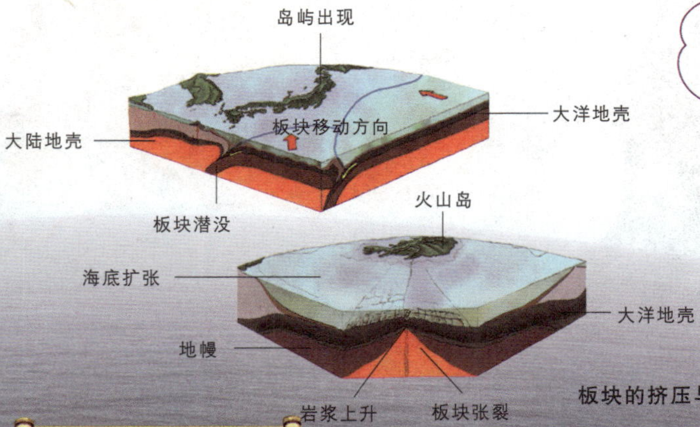


**板块的挤压与分离**

### 魔法揭秘

地壳经历了漫长而久远的运动，地表形态也因此发生了改变。专家推测，喜马拉雅山地区在亿万年前很可能是一片海。

# dà dì fā pí qi
# 大地发脾气

## 自然魔法书

dāng dà dì fā pí qi shí jiù rú tóng yí ge shēng qì de lǎo yāo guài yí yàng huì tuī dǎo lóu fáng nòng huài mǎ lù yǒu shí hái dài lái huǒ shān hǎi xiào shān bēng děng duō zhǒng zì rán zāi hài kě pà de dì zhèn shì zěn yàng xíng chéng de ne tā wèi shén me huì zào chéng zhè me dà de wēi hài ne

当大地"发脾气"时，就如同一个生气的老妖怪一样，会推倒楼房，弄坏马路，有时还带来火山、海啸、山崩等多种自然灾害。可怕的地震是怎样形成的呢？它为什么会造成这么大的危害呢？

## dì zhèn de chéng yīn
## 地震的成因

### 地震的产生

zài dì qiào yùn dòng guò chéng zhōng lái zì dì qiú nèi wài bù yǐ jí dì qiú zì zhuàn sù dù de biàn huà dǎo zhì dì qiào bù tóng bù wèi shòu lì bù jūn héng fēn bié shòu dào jǐ yā lā shēn xuán niǔ děng lì de zuò yòng nà xiē bǐ jiào cuì ruò de dì fang yīn cǐ róng yì pò liè yǐn qǐ duàn liè biàn dòng dì zhèn yě jiù suí zhī fā shēng le

在地壳运动过程中，来自地球内外部以及地球自转速度的变化导致地壳不同部位受力不均衡，分别受到挤压、拉伸、旋扭等力的作用。那些比较脆弱的地方因此容易破裂，引起断裂变动，地震也就随之发生了。

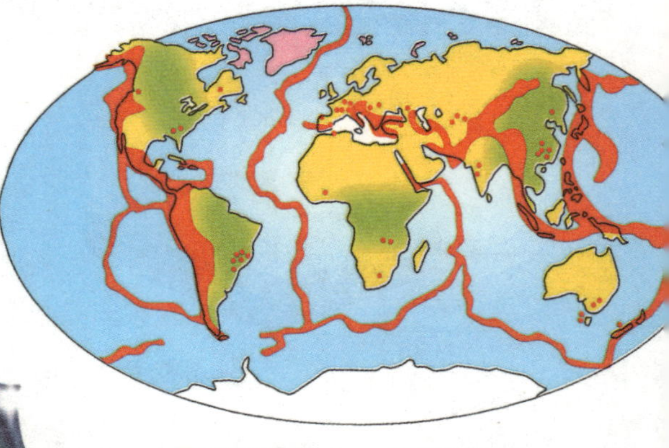

全球地震带分布

地震发生的情景图

## 震源、震中及地震波

dì zhèn yī bān fā shēng zài dì qiào hé shàng dì
地震一般发生在地壳和上地
màn wǒ men bǎ dì zhèn kāi shǐ fā shēng de dì
幔，我们把地震开始发生的地
diǎn chēng wéi zhèn yuán zhèn yuán zhèng shàng fāng
点称为震源，震源正上方
de dì miàn chēng wéi zhèn zhōng cóng zhèn yuán
的地面称为震中。从震源
fā chū de zài dì qiào zhōng chuán bō de tán xìng
发出的在地壳中传播的弹性
bō jiù shì dì zhèn bō dì zhèn bō bāo hán yǐn
波就是地震波。地震波包含引
qǐ dì miàn shàng xià diān bǒ de zòng bō hé dì miàn
起地面上下颠簸的纵波和地面
shuǐ píng huàng dòng de héng bō
水平晃动的横波。

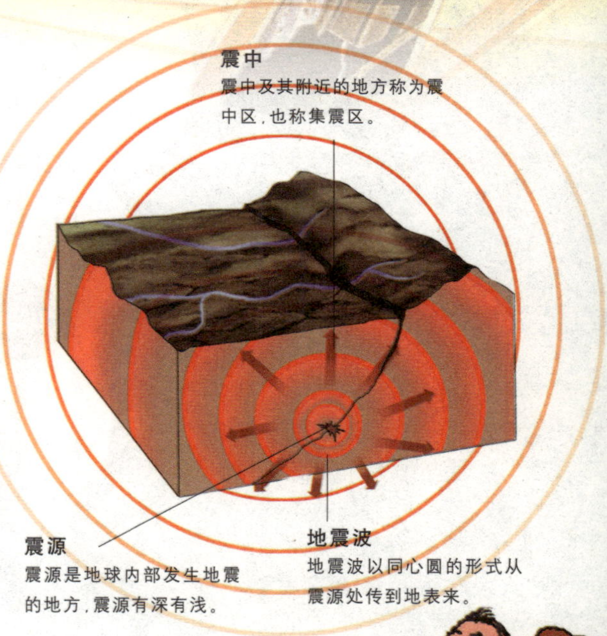


### 魔法揭秘

yuán lái dì qiú bìng bù shì yī ge jìng zhǐ de qiú tǐ tā nèi bù de wù
原来，地球并不是一个静止的球体，它内部的物
zhì bù tíng de yùn dòng chǎn shēng jù dà de néng liàng suí shí yǒu kě néng bào fā chū lái
质不停地运动，产生巨大的能量，随时有可能爆发出来。

mó guǐ chéng de lái lì
# “魔鬼城”的来历

yǎ dān dì mào
## 雅丹地貌

乌尔禾魔鬼城

### 自然魔法书

zài xīn jiāng wū ěr
在新疆乌尔
hé dì qū de yī ge kuàng
禾地区的一个旷
yě shang sǒng lì zhe yī zuò
野上，耸立着一座
zuò dà xiǎo xiāng jiàn cuò
座大小相间、错
luò yǒu zhì de gǔ lǎo chéng bǎo
落有致的古老城堡。
měi dāng dà fēng dào lái shí chéng
每当大风到来时，城
bǎo nèi huí xiǎng qǐ wú shù qī cǎn
堡内回响起无数凄惨
de shēng yīn rú tóng guǐ kū láng háo
的声音，如同鬼哭狼嚎，
lìng rén máo gǔ sǒng rán mó guǐ chéng
令人毛骨悚然，“魔鬼城”
yě yóu cǐ ér dé míng jiū jìng shì shuí jiàn
也由此而得名。究竟是谁建
zào le zhè zuò qí yì de mó guǐ chéng ne
造了这座奇异的“魔鬼城”呢？

### 风蚀作用

fēng shí shì fēng de chuī
风蚀，是风的吹
shí zuò yòng hé mó shí zuò yòng
蚀作用和磨蚀作用
de zǒng chēng kuáng fēng chuī guò dà dì jiāng dì miàn shang sōng
的总称。狂风吹过大地，将地面上松
sàn de chén jī wù huò zhě yán shí shang de fēng huà chǎn wù chuī
散的沉积物或者岩石上的风化产物吹
zǒu shǐ dì miàn zāo dào pò huài zhè zhǒng zuò yòng chēng wéi
走，使地面遭到破坏，这种作用称为
chuī shí zuò yòng dāng fēng xié dài shā lì tiē jìn dì miàn yùn dòng
吹蚀作用。当风挟带沙粒贴近地面运动
shí fēng shā liú zhōng de shā lì duì dì biǎo wù zhì jìn xíng chōng
时，风沙流中的沙粒对地表物质进行冲
jī mó cā zhè zhǒng zuò yòng
击、摩擦，这种作用
chēng mó shí zuò yòng chuī shí
称磨蚀作用。吹蚀
zuò yòng hé mó shí zuò yòng shì
作用和磨蚀作用是
tóng shí jìn xíng de
同时进行的。

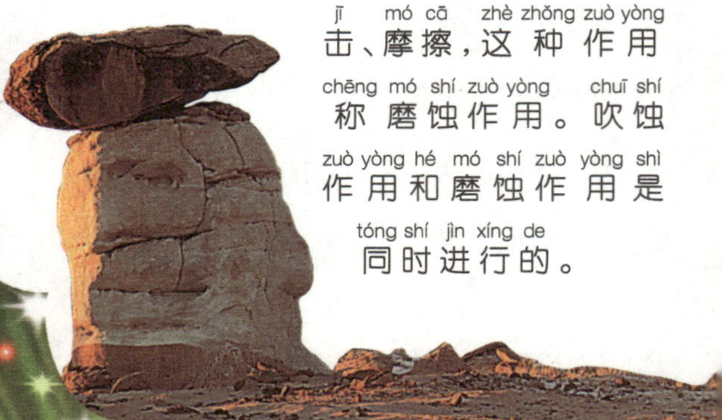

## 雅丹地貌

雅丹地貌又称风蚀地貌，因我国新疆雅丹地区的地形最为典型而得名，现在指干燥地区形成的风蚀土墩和风蚀凹地相间的一种特殊的地貌形态。在沙漠地区，平台形的高地经过大风不断地剥蚀，渐渐就形成了沟谷和洼地，而孤岛状的小山则会变成石墩或者石柱。

风蚀城堡

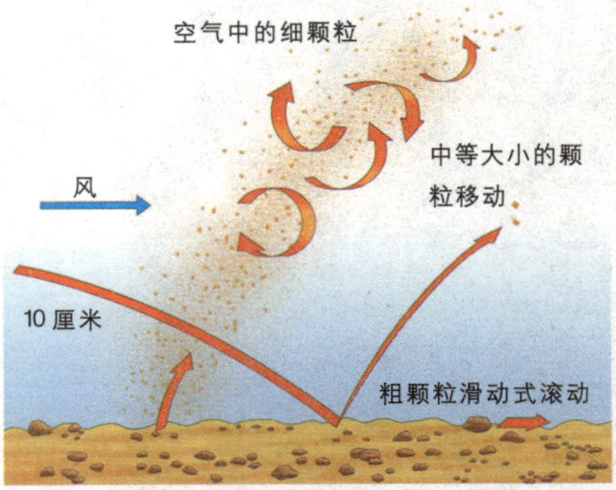


风蚀作用搬运沉积物的方式

风棱石的形成

风蚀地貌

### 魔法揭秘

乌尔禾地区地处大风口，大风长年不断刮过来，使得这个地区的岩石受到强烈的风蚀作用，于是就形成了“城堡”、“蘑菇”、“柱子”等千姿百态的雅丹地貌。

měi lì de dān xiá shān
# 美丽的丹霞山

dān xiá dì mào
## 丹霞地貌

### 自然魔法书

wèi yú guǎng dōng
位于广东
shěng běi bù de dān xiá shān
省北部的丹霞山
měi lì ér yòu shén qí
美丽而又神奇。
tā de shān yá chéng xiàn chū
它的山崖呈现出
huǒ yí yàng de hóng sè yuǎn
火一样的红色，远
kàn xiàng pī shàng le hóng xiá jìn
看像披上了红霞，近
kàn zé sè cǎi bān lán xǔ duō
看则色彩斑斓。许多
xuán yá qiào bì jiù xiàng yǒu rén yòng
悬崖峭壁，就像有人用
dāo fǔ kǎn xiāo guò yí yàng fēng lì
刀斧砍削过一样，锋利
wú bǐ wú shù qí yán měi dòng yǐn cáng
无比。无数奇岩美洞，隐藏
zài shān zhōng jǐng sè xiāng dāng měi lì
在山中，景色相当美丽。

### “丹霞”的来由

丹霞山阳元石

dān xiá shì dì lǐ xué shang yí ge hěn zhòng yào de míng cí
丹霞是地理学上一个很重要的名词。
tā zhuān zhǐ hóng sè shā lì yán jīng cháng qī fēng huà bō lí hé liú shuǐ qīn shí ér xíng chéng de shān fēng hé dǒu qiào de qí yán guài shí jí hóng sè shā lì yán yán chuí zhí jié lǐ fā yù de gè zhǒng qí fēng tā yǐ zhōng guó guǎng dōng shěng běi bù de dān xiá shān zuì wéi diǎn xíng suǒ yǐ mìng míng wéi dān xiá dì mào
它专指红色沙砾岩经长期风化剥离和流水侵蚀而形成的山峰和陡峭的奇岩怪石，即红色砂砾岩沿垂直节理发育的各种奇峰。它以中国广东省北部的丹霞山最为典型，所以命名为“丹霞地貌”。

## 丹霞地貌的成因

dān xiá dì mào kāi shǐ xíng chéng yú dì zhì nián dài shang de xǐ
丹霞地貌开始形成于地质年代上的喜
mǎ lā yǎ zào shān yùn dòng shí qī zhè cì yùn dòng shǐ yī xiē hóng
马拉雅造山运动时期，这次运动使一些红
sè pén dì tái shēng bìng shòu dào fēng huà qīn shí de zuò yòng yóu
色盆地抬升并受到风化侵蚀的作用。由
yú ruǎn ér xì de shā yán róng yì bèi fēng huà hé qīn shí yú
于软而细的砂岩容易被风化和侵蚀，于
shì xíng chéng le yǔ yán céng yī zhì de shuǐ píng āo cáo shì dòng
是形成了与岩层一致的水平凹槽式洞
xué ér bǐ jiào jiān yìng de lì yán yīn wèi bù yì fēng huà ér tū
穴，而比较坚硬的砾岩因为不易风化而突
chū wéi xuán yán yòu yóu yú hóng sè shā lì bàn yǒu shí huī yán lì shí
出为悬岩。又由于红色砂砾伴有石灰岩砾石
hé tàn suān gài jiāo jié wù zài yǔ shuǐ de lín róng xià jiù xíng chéng le gè zhǒng
和碳酸钙胶结物，在雨水的淋溶下就形成了各种
fēng lín róng gōu hé róng dòng děng
峰林、溶沟和溶洞等。

丹霞山

河南云台山的百家岩也属于丹霞地貌。

### 魔法揭秘

dān xiá dì mào shì cháng qī fēng huà bō lí hé liú shuǐ
丹霞地貌是长期风化剥离和流水
qīn shí zài jiā shàng tè shū de dì zhì jié gòu qì hòu biàn
侵蚀，再加上特殊的地质结构、气候变
huà yǐ jí fēng lì děng zuò yòng xíng chéng de chǎn wù
化以及风力等作用形成的产物。

丹霞山

丹霞“白毛尖”茶

qí yì de pà mù kè bǎo
# 奇异的帕木克堡

kā sī tè dì mào zhī gài huá jǐng guān
## 喀斯特地貌之钙华景观

### 自然魔法书

pà mù kè bǎo
“帕木克堡”
shì wèi yú tǔ ěr qí xī bù
是位于土耳其西部
de yī chù qí yì shān lù
的一处奇异山麓。
yuǎnyuǎn wàng qù zhè piàn
远远望去，这片
rǔ bái sè de tī xíng shān dì
乳白色的梯形山地
rú dié qǐ de shàn bèi yī bān róng
如叠起的扇贝一般，绒
máo zhuàng de bái sè tī bì hé
毛状的白色梯壁和
zhōng rǔ shí tī xíng jiē dì shang hái
钟乳石梯形阶地上还
yǒu xǔ duō bīn fēn de shuǐ chí fán
有许多缤纷的水池。凡
shì dào guò zhè lǐ de rén dōu bù dé bù jīng
是到过这里的人都不得不惊
tàn dà zì rán de zào huà shén gōng
叹大自然的造化神功！

### 钙华的形成

pà mù kè bǎo rǔ bái sè de tī xíng jiē dì shì gài
帕木克堡乳白色的梯形阶地是“钙
huá tā de zhǔ yào chéng fèn shì shí huī zhì hán tàn suān
华”，它的主要成分是石灰质（含碳酸
gài zài yī xiē gāo hán dì qū yǔ shuǐ hé xuě shuǐ róng jiě
钙）。在一些高寒地区，雨水和雪水溶解
dì xià yán shí li de shí huī zhì hé qí tā kuàng wù zhì shèn
地下岩石里的石灰质和其他矿物质，渗
rù dì xià chéng wéi dì xià shuǐ jīng guò màn cháng de xún huán
入地下成为地下水。经过漫长的循环，
zhè xiē dì xià shuǐ yǐ wēn quán de xíng shì yǒng chū bìng cóng gāo
这些地下水以温泉的形式涌出，并从高
chù liú tǎng xià lái zài zhè ge guò chéng zhōng shuǐ zhōng de shí
处流淌下来。在这个过程中，水中的石
huī zhì zhú jiàn xī chū yán tú chén jī jiù xíng chéng le gài huá
灰质逐渐析出，沿途沉积，就形成了钙华。

千百年来，帕木克堡梯形阶地上的温泉水一直享有能治病的美誉。据说，它可以治愈或减轻风湿病、高血压和心脏病等。

层层叠叠的钙华池

## 喀斯特地貌

kā sī tè yuán wéi ōu zhōu bā ěr gàn bàn dǎo
喀斯特，原为欧洲巴尔干半岛
de yī ge dì míng gāi dì yīn shí huī yán de róng shí
的一个地名，该地因石灰岩的溶蚀
hé jìn shí xíng chéng gè zhǒng qí tè de dì xíng hòu
和浸蚀形成各种奇特的地形。后
lái kē xué jiā men biàn jiè yòng kā sī tè yī
来，科学家们便借用“喀斯特”一
cí lái zhǐ dì biǎo zhōng róng jiě xìng yán shí zhǔ yào
词来指地表中溶解性岩石（主要
shì shí huī shí shòu shuǐ de róng jiě ér fā shēng róng
是石灰石）受水的溶解而发生溶
shí chén diàn bēng tā xiàn luò duī jī děng xiàn
蚀、沉淀、崩塌、陷落、堆积等现
xiàng ér xíng chéng de gè zhǒng tè shū dì mào gài
象而形成的各种特殊地貌。钙
huá shì kā sī tè dì mào cháng jiàn de xíng shì
华是喀斯特地貌常见的形式。

## 魔法揭秘

传说，帕木克堡原是上古时代神灵收获和曝晒棉花的场所，久而久之，棉花化为玉石，于是就有了“棉朵之城”帕木克堡。

zhī dào le ba qí yì de pà mù kè bǎo qí shí shì shí
知道了吧，奇异的帕木克堡其实是石
huī yán shòu dào yǔ shuǐ hé dì xià shuǐ cháng nián lěi yuè de qīn
灰岩受到雨水和地下水长年累月地侵
shí hòu yán céng bèi róng shí pò huài ér zuì zhōng xíng chéng de
蚀后，岩层被溶蚀破坏而最终形成的。

白色析出物沉积在突出的峭壁上，形成白色闪光的梯壁。

shén qí de yún nán shí lín

# 神奇的云南石林

kā sī tè dì mào zhī shí lín jǐng guān hé dì xià róng dòng

## 喀斯特地貌之石林景观和地下溶洞

### 自然魔法书

zài yún nán shěng lù nán yí zú zì zhì xiàn jìng nèi chù lì zhe yí dà piàn wēi yǐ lián mián de shān fēng sēn lín yǒu de bá dì ér qǐ cì pò qīng tiān yǒu de qí fēng wù lì guài shí lín xún zài zhè xiē shān fēng sēn lín de xià miàn hái yǐn cáng zhe yí gè ge qì shì huī hóng de dì xià gōng diàn róng dòng

在云南省路南彝族自治县境内，矗立着一大片逶迤连绵的“山峰森林”，有的拔地而起，刺破青天；有的奇峰兀立，怪石嶙峋……在这些“山峰森林”的下面，还隐藏着一个个气势恢弘的地下宫殿——溶洞！

### 石林成因

溶洞

jù jīn yì nián qián shí lín dì qū hái shì yí piàn wāng yáng hǎi dǐ chén jī zhe hòu hòu de shí huī yán hòu lái yóu yú dì qiào yùn dòng hǎi dǐ chén jī shàng shēng lù chū shuǐ miàn xíng chéng lù dì shí huī yán fā yù chéng chuí zhí jié lǐ cǐ hòu zài gāo wēn duō yǔ de huán jìng zhōng zài qiáng liè de róng shí hé rì fù yí rì de fēng huà zuò yòng xià hǎi shuǐ hé yǔ shuǐ yán zhe shí huī shí yán céng de chuí zhí liè xì wǎng xià shèn tòu róng shí jiǔ ér jiǔ zhī jiù xíng chéng yí gè ge shí yá shí sǔn shí zhù jì ér xíng chéng xǔ duō zuò bá dì ér qǐ de shí fēng

距今2.7亿年前，石林地区还是一片汪洋，海底沉积着厚厚的石灰岩。后来由于地壳运动，海底沉积上升，露出水面形成陆地，石灰岩发育成垂直节理。此后，在高温多雨的环境中，在强烈的溶蚀和日复一日的风化作用下，海水和雨水沿着石灰石岩层的垂直裂隙往下渗透、溶蚀，久而久之就形成一个个石芽、石笋、石柱……继而形成许多座拔地而起的石峰。

## 喀斯特地貌

云南路南石林具有多样的石林喀斯特形态，堪称“石林喀斯特博物馆”。

kā sī tè dì mào chú le gài huá hé shí lín wài
喀斯特地貌除了钙华和石林外，
hái yǒu dì xià róng dòng zài shí huī yán dì qū yóu
还有地下溶洞。在石灰岩地区，由
yú yǔ shuǐ huò hé liú de shèn tòu jí dì xià shuǐ de qīn
于雨水或河流的渗透及地下水的侵
shí shí huī shí yán céng bèi róng jiě jīng guò shù qiān wàn nián fǎn fù shèn tòu hé chōng shí shí huī shí yán céng de
蚀，石灰石岩层被溶解，经过数千万年反复渗透和冲蚀，石灰石岩层的
fèng xì yuè lái yuè dà zuì zhōng huì zài dì xià xíng chéng róng dòng dāng hán yǒu shí huī yán zhì de shuǐ cóng shí
缝隙越来越大，最终会在地下形成溶洞。当含有石灰岩质的水从石
huī yán shí fèng zhōng liú guò shí chén diàn xià
灰岩石缝中流过时，沉淀下
lái jiù xíng chéng le shí sǔn hé zhōng rǔ shí
来，就形成了石笋和钟乳石。

### 魔法揭秘

shén qí de yún nán shí lín hé dì xià róng dòng yuán lái shì shí huī shí yán céng zài
神奇的云南石林和地下溶洞原来是石灰石岩层在
rì fù yī rì de yǔ shuǐ róng shí zuò yòng xià xíng chéng de
日复一日的雨水溶蚀作用下形成的

zhuàng guān de bō làng yán

# 壮观的波浪岩

yán shí chéng yīn

## 岩石成因

### 自然魔法书

在澳大利亚西部的一处高原上，有一块奇异的大岩石，人们称之为“波浪岩”。从远处看，波浪岩酷似滚滚而来的滔天巨浪；近看，波浪岩又仿佛是汹涌的波涛和奔流的瀑布。它到底是什么岩石？又是怎样形成的呢？

### 波浪岩的形成

岁月的侵蚀在波浪岩表面留下了各种优美的条纹。

波浪岩的主要成分是花岗岩。大约在2700万年前，这个地方的花岗岩正在形成时，由于岩石上方的石粒较硬、中间较软，经过雨水冲蚀和风的吹蚀，岩石表面逐渐形成了凹面。又由于岩石表面的化学物质被雨水冲刷带走，同时又发生了化学作用，因此波浪岩表面形成了各种颜色深浅不一的波浪形条纹。

当人们看到鬼斧神工的波浪岩时，都不禁感叹大自然力量的神奇和伟大。

## 各类岩石的成因

dà dì shang de qiū líng shān mài děng jī hū quán shì yóu yán shí hé kuàng wù zǔ chéng bù tóng de kuàng wù zǔ hé zài yī qǐ jiù huì xíng chéng bù tóng zhǒng lèi de yán shí gēn jù chéng yīn de bù tóng yán shí kě yǐ fēn wéi sān lèi dì qiú nèi bù de róng yán yán jiāng lěng què ér xíng chéng de shì yán jiāng yán yóu ní shā chén jī huò zhě yóu shí huī zhì guī zhì děng wù zhì chén diàn ér xíng chéng de shì chén jī yán yán jiāng yán hé chén jī yán zài shòu dào gāo wēn gāo yā huò wài bù zuò yòng shí jiù huì xíng chéng biàn zhì yán

大地上的丘陵、山脉等几乎全是由岩石和矿物组成。不同的矿物组合在一起，就会形成不同种类的岩石。根据成因的不同，岩石可以分为三类：地球内部的熔岩岩浆冷却而形成的是岩浆岩；由泥沙沉积或者由石灰质、硅质等物质沉淀而形成的是沉积岩；岩浆岩和沉积岩在受到高温、高压或外部作用时，就会形成变质岩。

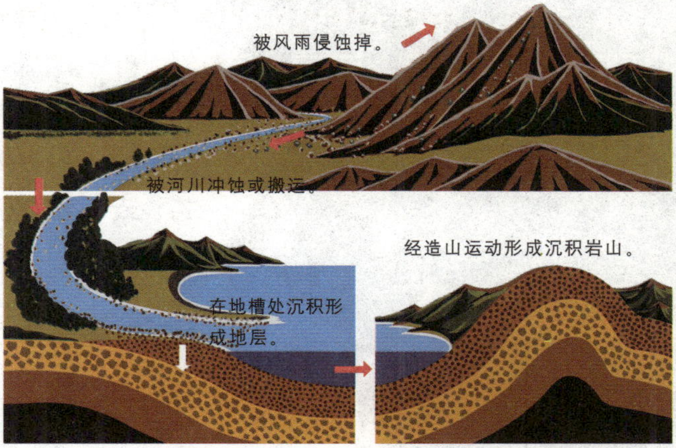

沉积岩的形成

岩石形成过程

### 魔法揭秘

zhè kuài kù sì yī pái lái shì xiōng yǒng de tāo tiān jù làng de yán shí shí jì shang shì huā gāng yán zài yǔ shuǐ de chōng shí zuò yòng xià xíng chéng de

这块酷似一排来势汹涌的滔天巨浪的岩石实际上是花岗岩在雨水的冲蚀作用下形成的。

yì cǎi fēn chéng de tǔ lín
# 异彩纷呈的土林

yán céng gòu zào
## 岩层构造

### 自然魔法书

dà zì rán zǒng xǐ
大自然总喜
huan zài dì qiú mǒu ge dì
欢在地球某个地
fang qiāo qiāo liú xià yī ge
方悄悄留下一个
dà shǒu bǐ zài zhōng guó
大手笔！在中国
yún nán de yuán móu zhè ge
云南的元谋，这个
dà shǒu bǐ jiù shì cū guǎng xióng
大手笔就是粗犷雄
hún ér yòu xuàn lì wú bǐ de tǔ
浑而又绚丽无比的土
lín yuán móu tǔ lín shù bù shèng
林。元谋土林，数不胜
shù zī tài biàn huà wàn qiān sè cǎi
数，姿态变化万千，色彩
liú guāng yì cǎi lìng rén tàn wéi guān zhǐ
流光溢彩，令人叹为观止！

### 从元谋土林看岩层构造

yuán móu tǔ lín shǔ yú chén jī yán zhè yī yán céng qīng
元谋土林属于沉积岩，这一岩层倾
xié jiào huǎn zài dì qiào wěn dìng shí qī jī běn chéng shuǐ píng
斜较缓，在地壳稳定时期基本呈水平
zhuàng tài gòu chéng de dì mào jiù shì shuǐ píng de gāo yuán
状态，构成的地貌就是水平的高原、
tái dì hé fāng shān tǔ lín zhǔ yào shì yóu tái dì hé fāng
台地和方山。土林主要是由台地和方
shān yǎn biàn ér lái de dāng shuǐ de qīn shí zuò yòng shèn rù
山演变而来的。当水的侵蚀作用渗入
dào tái dì hé fāng shān nèi bù
到台地和方山内部
shí qiáng liè de bō shí
时，强烈的剥蚀、
qiē gē bān yùn zuò yòng
切割、搬运作用
zào chéng shuǐ tǔ liú shī
造成“水土流失”，
zuì zhōng xíng chéng le gāo
最终形成了高
dī cēn cī de yī zuò zuò
低参差的一座座
tǔ fēng tǔ zhù
土峰土柱。

坚硬的岩石长时间暴露在风雨中会变成碎小的岩片。

## 岩石的分布

沉积岩是分布在地壳最上层的岩石，由亿万年前的岩石和矿物经过水、风或冰川的搬运、冲刷堆积而形成。层叠的结构是沉积岩的显著特征。变质岩和岩浆岩是在地下深处形成的岩石。当地表岩石渐渐被埋进地下深处时，由于受到高温高压的影响，原有结构重新组合，成分发生改变，就形成了别的岩石。不管哪一类岩石，它们都处在不断的循环和变化之中。

经过雨水的冲刷，沉积岩的纹理清晰可见。

元谋地区土柱如林，大小、高低相间，颜色富于变化，走进去就像置身于古堡画廊中。

### 魔法揭秘

土林是沙、土、砾石堆积物在闷热多雨的气候条件下，经过大自然的“加工改造”而逐步形成的。

元谋土林多由沙粒、黏土和沉积岩组成，其中还含有丰富的动植物化石

# 奇伟的巨人之路

## 岩石节理

### 自然魔法书

相传，爱尔兰国家军队的最高指挥官——巨人芬·麦库尔为了跨越海洋迎接他心爱的姑娘，沿着整个海岸建造了一条奇伟壮观、绵延数千米的巨人之路。这条路至今依然屹立在爱尔兰的大海之滨！

### 熔岩的造就

这些已有成千上万年历史的岩柱，以井然有序、美轮美奂的造型令人们叹为观止。

很多年以前，爱尔兰周围的火山活动非常频繁，一股股熔岩从地下涌出，逐渐冷却、收缩，最终形成了玄武岩。在这个过程中，熔岩收缩得非常均匀，同时海水又沿岩石的垂直节理从顶部通到底部，以至形成规整的六棱柱体。此外，海浪的不断冲刷、侵蚀使得它更为平滑，于是巨人之路就形成了。

## 岩石的节理

岩石中有规律的、纵横交错的裂隙就叫节理。节理分为两类：一类是岩石在风力、山崩、冰川等外力作用下产生的非构造节理；一类是伴随着褶皱、断层等地质作用而产生的有规律的构造节理。岩石的节理与各种地貌的形成有着密切的关系。

风和海浪不断地侵蚀和雕琢，使得这些岩柱更光滑、更规整。

构成岩浆岩的七种成分

## 魔法揭秘

传说中的巨人之路实际上是玄武岩经冷却收缩，再加上海水沿着岩石的垂直节理侵蚀而逐渐形成的。

dà dì de dòng mài

# 大地的动脉

## 自然魔法书

bēn téng de hé liú
奔腾的河流
jiù xiàng dà dì de dòng mài
就像大地的动脉。
tā yuán yuán bù duàn de shū
它源源不断地输
sòng zhe bǎo guì de dàn shuǐ
送着宝贵的淡水
jí shuǐ zhōng de yán lèi yǒu
及水中的盐类、有
jī zhì děng zī rùn zhe liú yù nèi
机质等，滋润着流域内
de gè zhǒng shēng mìng jiù xiàng
的各种生命，就像
rén tǐ zhōng de xuè guǎn bǎ yǎng qì hé
人体中的血管把氧气和
yíng yǎng shū sòng dào shēn tǐ de gè
营养输送到身体的各
gè bù wèi yī yàng
个部位一样。

hé liú sù yuán

## 河流溯源

泉水从地下涌出汇成溪流。

### 河流的起源

suǒ yǒu de hé liú dōu kě yǐ shuō qǐ yuán yú xī liú
所有的河流都可以说起源于溪流，
xī liú yī bān yóu yǔ shuǐ xuě shuǐ hé bīng hé
溪流一般由雨水、雪水和冰河
de róng shuǐ hú pō liú chū de shuǐ hé quán shuǐ
的融水、湖泊流出的水和泉水
jí yǒng dào dì miàn de dì xià shuǐ huì chéng
（即涌到地面的地下水）汇成。
xiǎo xī liú liàng zhú jiàn zēng dà yǔ qí tā xiǎo
小溪流量逐渐增大，与其他小
xī huì chéng zhī liú zhī liú wǎng zuì hòu xíng chéng cháng
溪汇成支流、支流网，最后形成长
jiāng huáng hé zhè yàng de dà hé liú yī tiáo dà hé
江、黄河这样的大河流。一条大河，
cóng yuán tóu de juān juān xì liú dào liú rù hǎi yáng zhōng tú
从源头的涓涓细流到流入海洋，中途
yào jīng guò shàng yóu zhōng yóu xià yóu sān ge zhòng yào
要经过上游、中游、下游三个重要
jiē duàn
阶段。

九曲十八弯
的黄河

## 河流

河流发源的地方是河源，流到另一个水域的地方称为河口。河流有许多种：常年流动的河流叫作常流河。常流河水源充沛，河水的蒸发量小于河水的补充量，能够保持一定的水流。在某些季节里会干涸的河流叫作季节河。季节河一般水源单一，多为冰雪融水或者降雨降雪积水。有在地面上流动的河；也有在地下流动的河。

### 魔法揭秘

对地球来讲，河流起着非常重要的作用，它为人们提供运输、饮用水、生活用水和灌溉用水等，是汇集和输送淡水及其他有机质进入海洋和湖泊的主要通道。

wén míng de yáo lán
# 文明的摇篮

## 自然魔法书

shì jiè shang yǒu xǔ duō zhù míng de hé liú, zhè xiē hé liú huò bō tāo xiōng yǒng, huò jǐng sè yí rén, huò qí miào yǒu qù……hé liú yǔ rén lèi xī xī xiāng guān。rén lèi gǔ dài wén míng de fā xiáng dì, jī hū dōu yuán yú mǒu tiáo dà hé, rú yùn yù zhōng huá huī huáng wén míng de huáng hé、zào jiù gǔ āi jí càn làn wén míng de ní luó hé……

世界上有许多著名的河流，这些河流或波涛汹涌，或景色宜人，或奇妙有趣……河流与人类息息相关。人类古代文明的发祥地，几乎都源于某条大河，如孕育中华辉煌文明的黄河、造就古埃及灿烂文明的尼罗河……

hé liú de zuò yòng
## 河流的作用

### 大河文明

长江也孕育了灿烂的古文明。

rén men zài dà hé yán àn dì qū shēng chǎn láo dòng、fán yǎn shēng xī, chuàng zào de huī huáng wén míng chēng wéi "dà hé wén míng"。lì shǐ xué jiā men bǎ āi jí de ní luó hé liú yù、zhōng guó de huáng hé liú yù、xī yà de liǎng hé (yòu fā lā dǐ hé hé dǐ gé lǐ sī hé) liú yù、yìn dù de héng hé liú yù, chēng wéi shì jiè gǔ dài wén míng de yáo lán。ér cóng zhè jǐ ge dà hé liú yù fā zhǎn qǐ lái de zhōng guó、yìn dù、āi jí hé gǔ bā bǐ lún jiù bèi chēng wéi sì dà wén míng gǔ guó。

人们在大河沿岸地区生产劳动、繁衍生息，创造的辉煌文明称为“大河文明”。历史学家们把埃及的尼罗河流域、中国的黄河流域、西亚的两河（幼发拉底河和底格里斯河）流域、印度的恒河流域，称为世界古代文明的摇篮。而从这几个大河流域发展起来的中国、印度、埃及和古巴比伦就被称为四大文明古国。

大河上下，沿河两岸，人们繁衍生息，创造了灿烂的文明。

亚马孙河

巴拿马运河位于美洲，是连通太平洋和大西洋的重要航道。

## 河流之最

世界上含沙量最大的河是中国的黄河，因河中含有大量的泥沙，故有“一碗水中泥半碗”的说法。世界上最长的河是全长6671千米的尼罗河，它流经撒哈拉大沙漠，注入地中海。南美洲的亚马孙河是世界上流域面积和流量最大的河，全长6480千米，流经南美八个国家。发源于青藏高原的长江是我国第一大河，长度在世界上排行第三，全长6300千米，流经我国十一个省区。

与大河文明相对的是海洋文明。地中海是孕育海洋文明的摇篮，而地中海沿岸的古代希腊与罗马文明就是西方海洋文明的源头。

## 魔法揭秘

大河流域水源充足，水利资源较丰富；地势平坦，土地相对肥沃，气候温和，适宜人类生存，有利于农作物的培植和生长，能够满足人们生存的基本需要，因此成为人类文明的发祥地。

mí rén de bīng chuān wān

# 迷人的冰川湾

bīng chuān de xíng chéng

## 冰川的形成

### 自然魔法书

měi guó ā lā sī
美国阿拉斯
jiā zhōu hé jiā ná dà de
加州和加拿大的
jiāo jiè chù mián yán zhe yī
交界处，绵延着一
ge guǎng kuò de bīng chuān
个广阔的冰川
xiá wān xiá wān yán zhe liǎng
峡湾。峡湾沿着两
àn mào mì de sēn lín shēn zhǎn gāo
岸茂密的森林伸展，高
gāo de shān fēng yuǎn yuǎn sǒng lì
高的山峰远远耸立
zài dì píng xiàn shang fǔ shì zhè
在地平线上。俯视这
piàn bīng xuě dà dì yáng guāng tòu
片冰雪大地，阳光透
guò yún céng sǎ luò zài bái sè de
过云层，洒落在白色的
bīng yuán shang
冰原上……

### 冰川的形成

zài zhōng nián jī xuě de gāo shān de bèi yīn chù yóu yú nián
在终年积雪的高山的背阴处，由于年
fù yī nián de jī xuě xuě yuè lái yuè duō yuè lái yuè chén zuì
复一年的积雪，雪越来越多，越来越沉，最
hòu jǐ yā zài yī qǐ jiù biàn chéng le bīng dāng bīng dá dào yī
后挤压在一起就变成了冰。当冰达到一
dìng hòu dù shí yóu yú běn shēn de zhòng liàng ér pò liè bìng kāi
定厚度时，由于本身的重量而破裂，并开
shǐ xiàng shān xià huá dòng yú shì jiù xíng chéng le bīng chuān mù
始向山下滑动，于是就形成了冰川。目
qián dì qiú de lù dì biǎo miàn yuē yǒu
前地球的陆地表面约有10%
bèi bīng chuān fù gài zhe bīng chuān
被冰川覆盖着。冰川
fǎng fú shì yī ge jù dà de gù tǐ
仿佛是一个巨大的固体
shuǐ kù chǔ cún zhe dà liàng de dàn shuǐ
水库，储存着大量的淡水。

冰川一角

## 冰川的移动及冰蚀作用

bīng chuān shì néng gòu yùn dòng de tiān rán bīng tǐ
冰川是能够运动的天然冰体。
bīng chuān yùn dòng de sù dù suí jì jié biàn huàn ér biàn
冰川运动的速度随季节变换而变
huà xià jì kuài dōng jì màn tā men měi tiān yí dòng
化，夏季快，冬季慢。它们每天移动
de jù lí píng jūn bù guò jǐ lí mǐ zuì duō bù chāo
的距离平均不过几厘米，最多不超
guò jǐ mǐ bīng shí shì bīng chuān hé bīng chuān xié dài
过几米。冰蚀是冰川和冰川携带
de yán shí suì kuài zài bīng chuān yùn dòng zhōng duì dì miàn
的岩石碎块在冰川运动中对地面
de pò huài zuò yòng bīng chuān shang de bīng dǒu jiǎo
的破坏作用。冰川上的冰斗、角
fēng cáo gǔ děng dì mào dōu shì
峰、槽谷等地貌都是
bīng shí zuò yòng de jié guǒ
冰蚀作用的结果。

冰川地貌

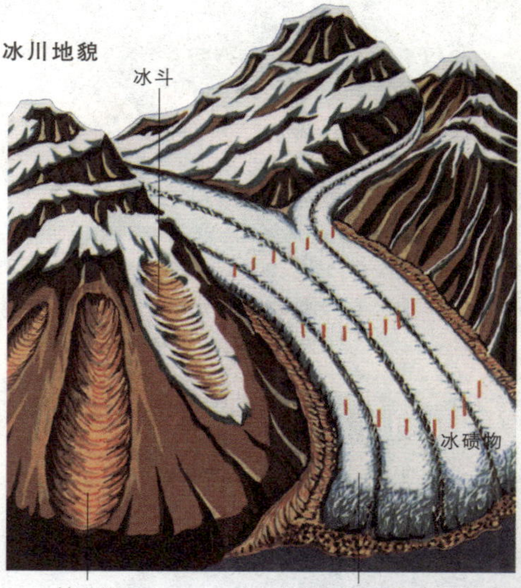


冰川的形态

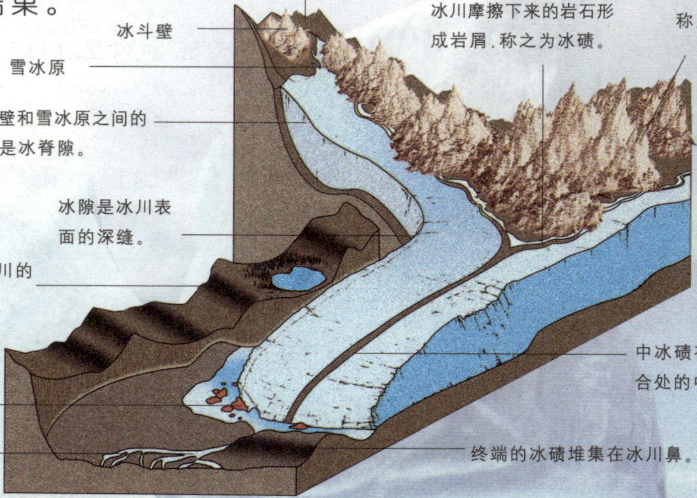


### 魔法揭秘

zài cháng nián jī xuě de gāo shān dì qū dāng jī xuě sù
在常年积雪的高山地区，当积雪速
dù chāo guò róng xuě sù dù shí zhǐ yào bīng de hòu dù
度超过融雪速度时，只要冰的厚度
dá dào yī dìng chéng dù jiù kě yǐ xíng chéng bīng chuān
达到一定程度，就可以形成冰川。

迷人的冰川湾

mào yān de chéng shì
# "冒烟"的城市

dì rè zī yuán
## 地热资源

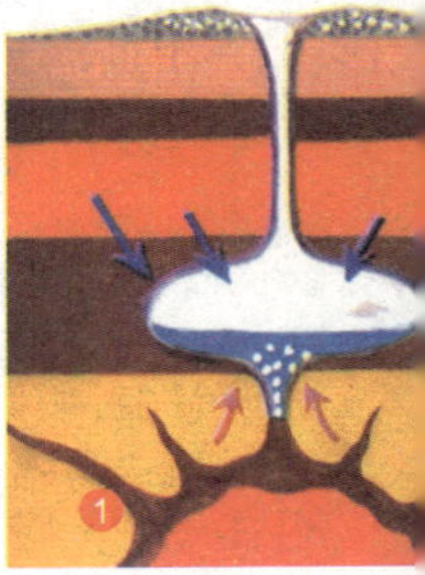

### 自然魔法书

bīng dǎo shang yǒu
冰岛上有
yī ge qí yì de chéng
一个奇异的城
shì jù shuō nà lǐ hú
市，据说，那里湖
guāng liàn yàn shān sè mí
光潋滟，山色迷
lí dì miàn rè quán fèi
离，地面热泉沸
téng kōng qì zhōng zhēng qì
腾，空气中蒸汽
mí màn zhěng gè chéng shì
迷漫……整个城市
yī nián sì jì dōu xiàng zài mào yān
一年四季都像在冒烟
yī yàng yú shì dāng dì rén chēng tā
一样，于是，当地人称它
wéi léi kè yǎ wèi kè yì sī shì
为"雷克雅未克"，意思是
mào yān de chéng shì
"冒烟的城市"。

### 地热资源

yóu dì qiú nèi bù chǎn shēng de rè jiù shì dì rè dì
由地球内部产生的热就是地热，地
rè shì dì qiú de yī zhǒng tiān rán zī yuán wǒ men cháng jiàn
热是地球的一种天然资源。我们常见
de dì rè zī yuán yǒu wēn quán hé jiàn xiē quán yóu yú dì
的地热资源有温泉和间歇泉。由于地
qiú nèi bù cún zài zhe yī xiē wēn dù gāo dá yǐ shàng
球内部存在着一些温度高达1000℃以上
de yán jiāng yīn ér dì qiú běn shēn jiù shì yī ge jù dà de
的岩浆，因而地球本身就是一个巨大的
rè néng cāng kù zài yī xiē huǒ shān pín fán huó dòng de dì
热能仓库。在一些火山频繁活动的地
dài dì rè zī yuán bǐ jiào fēng fù dì xià shuǐ jīng guò yán
带，地热资源比较丰富，地下水经过岩
jiāng de jiā rè ér shí cháng
浆的加热而时常
pēn fā chū lái jiù huì
喷发出来，就会
xíng chéng wēn quán
形成温泉。

地热丰富的地区其近地面总是迷漫着飘渺的水雾。

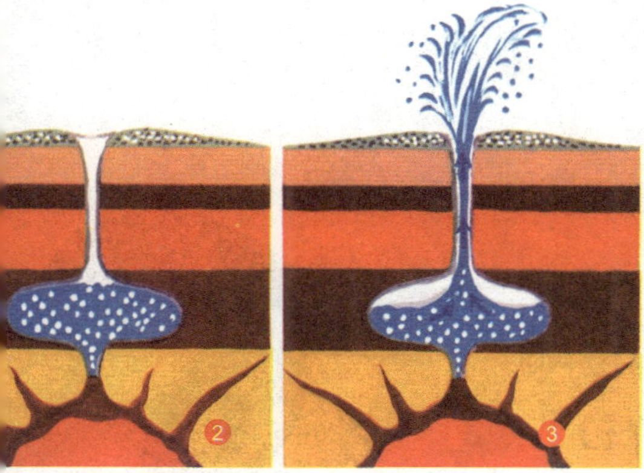


**喷泉的形成**

①地下水积存在地下的空间。

②水经岩浆加热而沸腾。

③地下水在蒸汽的压力下喷出地表。

美丽的间歇泉

## 温泉和间歇泉

wēn dù chāo guò de quán shuǐ jiù shì wēn quán yǒu de
温度超过20℃的泉水就是温泉。有的
wēn quán zhí jiē pēn chū dì miàn yǒu de wēn quán huǎn huǎn liú chū
温泉直接喷出地面，有的温泉缓缓流出，
zhè shì yóu dì xià shuǐ suǒ shòu yā lì de dà xiǎo jué dìng de pēn chū dì miàn de wēn quán shuǐ màn màn shèn rù dì
这是由地下水所受压力的大小决定的。喷出地面的温泉水慢慢渗入地
xià chóng xīn huì jí dāng wēn dù zài cì shēng gāo dào yī dìng chéng dù shí dì xià shuǐ yòu huì chóng xīn pēn chū
下，重新汇集，当温度再次升高到一定程度时，地下水又会重新喷出
lái zhè yàng měi gé yī duàn shí jiān pēn fā yī cì jiù xíng chéng le jiān xiē quán
来，这样每隔一段时间喷发一次，就形成了间歇泉。

## 魔法揭秘

雷克雅未克由于拥有丰富的地热资源，很少使用煤、天然气等，市容清洁，无烟煤熏绕，因而又有“无烟城市”之称。

yuán lái léi kè yǎ wèi kè chǔ yú huǒ shān huó dòng pín
原来，雷克雅未克处于火山活动频
fán dì dài jù yǒu fēi cháng fēng fù de dì rè zī yuán
繁地带，具有非常丰富的地热资源。
qí dì xià shuǐ cháng nián shòu dào gāo wēn yán
其地下水常年受到高温岩
jiāng de jiā rè nà xiē shuǐ qì yuán yuán bù duàn
浆的加热，那些水汽源源不断
de mào chū lái jiù chéng le chéng shì shàng kōng
地冒出来，就成了城市上空
piāo dàng de yān wù
飘荡的烟雾。

lái zì dì xià de zāi nàn
# 来自地下的灾难

huǒ shān de xíng chéng
## 火山的形成

### 自然魔法书

nián xià tiān
2001年夏天，
yì dà lì de yī zuò huǒ
意大利的一座火
shān āi tè nà huǒ
山——埃特纳火
shān měng liè de pēn fā
山猛烈地喷发
le nóng yān hé huǒ shān huī
了，浓烟和火山灰
jiàn dào jǐ qiān mǐ gāo de dì fang
溅到几千米高的地方，
róng yán shùn shān liú tǎng xià lái
熔岩顺山流淌下来，
tūn shì le huǒ shān zhōu wéi de dà
吞噬了火山周围的大
dì shān biān de jū mín fēn fēn bèi
地。山边的居民纷纷背
jǐng lí xiāng duǒ bì zāi huò kě pà de
井离乡躲避灾祸。可怕的
huǒ shān shì zěn yàng xíng chéng de ne
火山是怎样形成的呢？

### 火山的成因

火山喷发时会喷出1000℃以上的熔融岩浆。

zài dì qiú shēn chù de mǒu xiē dì
在地球深处的某些地
fang cún zài zhe wēn dù dá yǐ
方，存在着温度达1000℃以
shàng chù yú róng róng zhuàng tài de yán jiāng zhè xiē chì rè de yán
上处于熔融状态的岩浆。这些炽热的岩
jiāng huì jí chéng yán jiāng chí tóng shí shì fàng chū dà liàng qì tǐ
浆汇集成岩浆池，同时释放出大量气体。
dāng qì yā zú gòu dà shí yán jiāng hé qì tǐ jiù huì cóng dì qiào
当气压足够大时，岩浆和气体就会从地壳
cuì ruò huò yǒu liè fèng de dì fang pēn chū dì miàn xíng chéng
脆弱或有裂缝的地方喷出地面，形成
huǒ shān pēn fā de jǐng xiàng róng yán pēn chū dì miàn hòu
火山喷发的景象。熔岩喷出地面后，
duī jí zài pēn chū kǒu de zhōu wéi bìng màn màn lěng què níng
堆集在喷出口的周围，并慢慢冷却凝
gù yuè jī yuè gāo zuì hòu jiù xíng chéng le huǒ shān
固，越积越高，最后就形成了火山。

火山口

## 火山的类型

火山活动区分布图

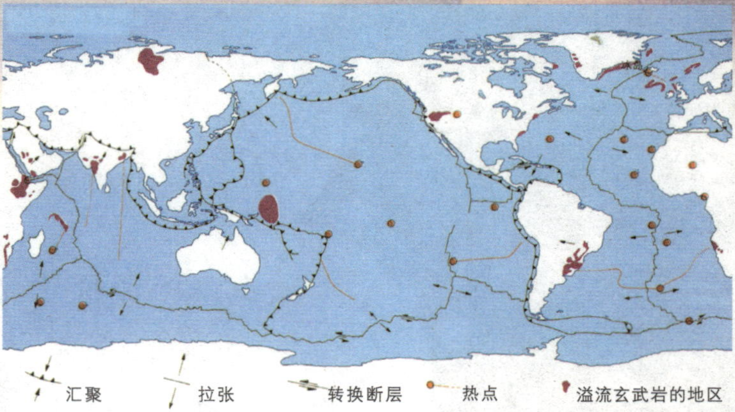


huǒ shān kě yǐ fēn wéi sǐ huǒ shān xiū mián huǒ shān hé huó huǒ shān sān zhǒng lèi xíng sǐ huǒ shān shì zhǐ shǐ qián céng jīng pēn fā guò dàn yǒu shǐ yǐ lái yī zhí méi yǒu huó dòng guò de huǒ shān xiū mián huǒ shān shì zhǐ yǒu shǐ yǐ lái céng jīng pēn fā guò dàn cháng qī yǐ lái chǔ yú xiāng duì jìng zhǐ zhuàng tài de huǒ shān ér huó huǒ shān shì zhǐ xiàn zài hái huì huó dòng huò zhě zhōu qī xìng pēn fā de huǒ shān

火山可以分为死火山、休眠火山和活火山三种类型。死火山是指史前曾经喷发过，但有史以来一直没有活动过的火山；休眠火山是指有史以来曾经喷发过，但长期以来处于相对静止状态的火山；而活火山是指现在还会活动或者周期性喷发的火山。

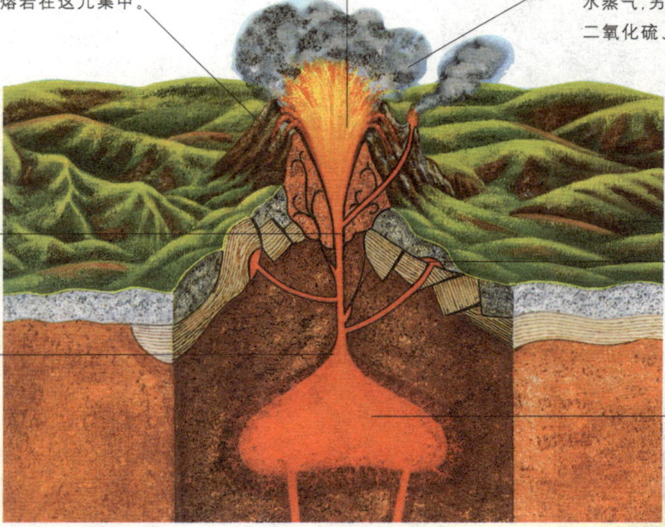


## 魔法揭秘

qí shí huǒ shān shì dì qiú nèi bù róng yán bù duàn yùn dòng de jié guǒ

其实，火山是地球内部熔岩不断运动的结果。

lóng qǐ de jǐ liáng
# 隆起的“脊梁”

shān mài de xíng chéng
## 山脉的形成

### 自然魔法书

nǐ huò xǔ yóu lǎn
你或许游览
guò fēng jǐng jué jiā de huáng
过风景绝佳的黄
shān xióng wěi jùn qiào de
山、雄伟峻峭的
tài shān nǐ yī dìng
泰山……你一定
bèi tā men yōu měi de fēng jǐng
被它们优美的风景
shēn shēn de xī yǐn zhù le ba
深深地吸引住了吧！
qiáo nà yī zuò zuò zī tài wàn qiān
瞧那一座座姿态万千
de dà shān yī duǒ duǒ pán rào shān
的大山、一朵朵盘绕山
diān de bái yún zhè yī qiē shì
巅的白云……这一切是
fǒu yǐn qǐ guò nǐ de xiá xiǎng shì shuí qiǎo
否引起过你的遐想：是谁巧
duó tiān gōng wèi wǒ men liú xià le zhè xiē
夺天工为我们留下了这些
měi lì de dà shān ne
美丽的大山呢？

### 山脉的形成

巍峨的黄山

dì qiú de biǎo miàn bèi fēn gē chéng le jǐ ge jù dà de bǎn kuài zhè xiē bǎn kuài bù duàn de xiāng hù pèng zhuàng jǐ yā jiù xíng chéng le shān mài
地球的表面被分割成了几个巨大的板块，这些板块不断地相互碰撞、挤压，就形成了山脉。
hǎi yáng yán shí bǎn kuài zài yǔ lù dì yán shí bǎn kuài de pèng zhuàng zhōng chōng dào le xià miàn jiù huì xíng chéng fǔ chōng shān mài
海洋岩石板块在与陆地岩石板块的碰撞中冲到了下面，就会形成俯冲山脉。
liǎng ge lù dì bǎn kuài fā shēng pèng zhuàng yī kuài dié yā zài lìng yī kuài shàng miàn jiù huì xíng chéng pèng zhuàng shān mài
两个陆地板块发生碰撞，一块叠压在另一块上面，就会形成碰撞山脉。

高山形成示意图

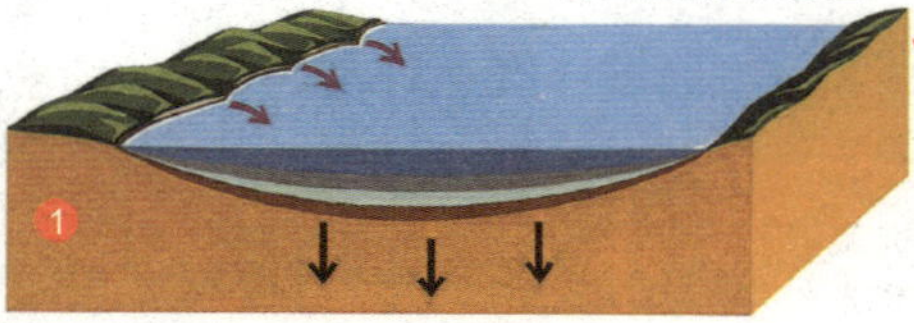


①来自大陆的沉积物在浅海底部堆积形成地层。

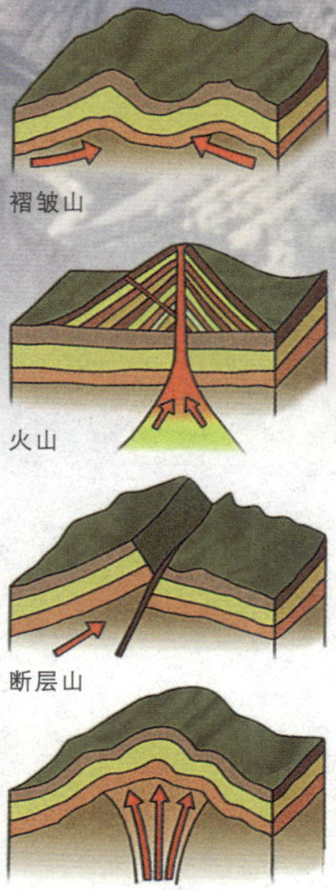


山脉的类型

## 山脉的类型

shān mài zhǔ yào fēn wéi huǒ shān zhě zhòu shān duàn céng shān hé guān zhuàng
山脉主要分为火山、褶皱山、断层山和冠状
shān jǐ zhǒng dì qiào de yán shí quān xiàng shàng wān qū gǒng qǐ huì xíng chéng zhě
山几种。地壳的岩石圈向上弯曲拱起，会形成褶
zhòu shān huǒ shān pēn fā shí chǎn shēng de dà liàng huǒ shān huī děng wù zhì duī jī
皱山。火山喷发时产生的大量火山灰等物质堆积
qǐ lái xíng chéng de shān shì huǒ shān huǒ shān pēn fā shí xiàng shàng yǒng chū de
起来形成的山是火山。火山喷发时向上涌出的
yán jiāng shǐ dì qiào yán shí xiàng shàng lóng qǐ hòu xíng chéng de shān shì guān zhuàng
岩浆使地壳岩石向上隆起后形成的山是冠状
shān tā de xíng zhuàng jiù xiàng yī dǐng mào zi dì qiào fā shēng duàn liè jù
山。它的形状就像一顶帽子。地壳发生断裂，巨
dà de yán shí xiāng hù jǐ yā xiàng shàng shēng qǐ hòu xíng chéng de shān shì duàn céng shān
大的岩石相互挤压向上升起后形成的山是断层山。

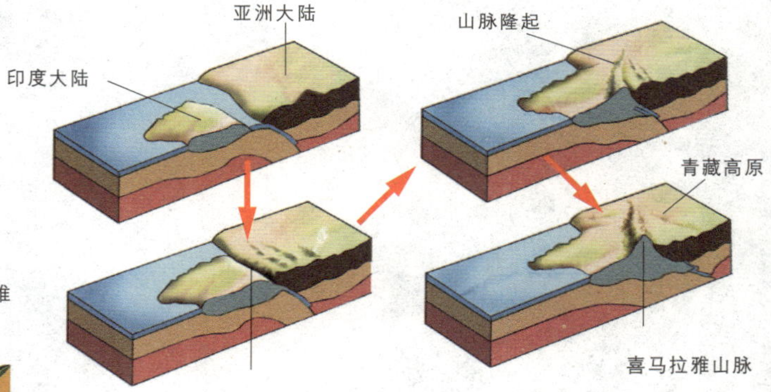


青藏高原和喜马拉雅山的形成

②地球内部的岩浆活动使海底的堆积物喷出地表形成火山。

③这一地区经地壳运动逐渐形成褶皱或断层等构造，进一步形成了隆起的高地。

④再经过反复不断的造山运动，终于形成很高的山脉。

## 魔法揭秘

dì qiào yán shí quān xiāng hù jǐ yā shǐ bù fen
地壳岩石圈相互挤压，使部分
yán shí quān gāo chū dì miàn jiù xíng chéng le shān mài
岩石圈高出地面，就形成了山脉。

dà dì liè kǒu le
# 大地裂口了

## 自然魔法书

zài wǒ guó xī bù qīng zàng gāo yuán shang dà dì bù zhī shén me shí hou nòng chū le yī ge dà liè kǒu ——yǎ lǔ zàng bù jiāng dà xiá gǔ。 zhè lǐ dì shì xiǎn yào、xiǎn jùn yōu shēn、fēng jǐng mí rén， nà xiē dào guò zhè lǐ de tàn xiǎn zhě hé guān guāng kè zǒng huì yí huò：tā jiū jìng shì zěn yàng xíng chéng de ne？

在我国西部青藏高原上，大地不知什么时候弄出了一个大裂口——雅鲁藏布江大峡谷。这里地势险要、险峻幽深、风景迷人，那些到过这里的探险者和观光客总会疑惑：它究竟是怎样形成的呢？

库车峡谷山势险峻，有的地方两边窄得只能容一个人侧身通过

xiá gǔ chéng yīn
## 峡谷成因

### 峡谷

hé liú bù duàn chōng shuā， huì zài dì miàn qīn shí chū shēn shēn de āo dì， xíng chéng “V” xíng gǔ dǐ。 rú guǒ gǔ dǐ fēi cháng xiá zhǎi， liǎng àn shì dǒu qiào de shān dì， jiù chēng zuò “xiá gǔ”。 zài dì qiào yùn dòng zhōng qiáng liè tái shēng de dì qū， yīn jī zhǔn miàn xiāng duì xià jiàng， hé liú qiáng liè xià qiē， róng yì xíng chéng xiá gǔ。 zài shā mò dì qū， yīn duǎn shí jiān nèi de qiáng jiàng yǔ ér chǎn shēng dà liàng de shuǐ， xíng chéng néng liàng jù dà de hé liú， jiǔ ér jiǔ zhī yě huì chōng shuā chéng xiá gǔ。

河流不断冲刷，会在地面侵蚀出深深的凹地，形成“V”形谷底。如果谷底非常狭窄，两岸是陡峭的山地，就称作“峡谷”。在地壳运动中强烈抬升的地区，因基准面相对下降，河流强烈下切，容易形成峡谷。在沙漠地区，因短时间内的强降雨而产生大量的水，形成能量巨大的河流，久而久之也会冲刷成峡谷。

## 世界两大峡谷

世界上最为著名的两大峡谷是美国的科罗拉多大峡谷和中国的雅鲁藏布江大峡谷。科罗拉多大峡谷全长460千米，深近2.1千米，峡谷的色彩随着季节、天气的变化而变化，绚丽多姿。科罗拉多河地区的深部地质作用和河流的不断侵蚀切割，是该峡谷形成的主要原因。雅鲁藏布江大峡谷全长496.3千米，平均深度达5千米左右，最深处达5.38千米，是世界上最长的峡谷。

峡谷内终年云雾缭绕，水汽迷漫，大量的水汽深刻地影响了这里的气候。

俯瞰雅鲁藏布江大峡谷

雅鲁藏布江大峡谷地区水资源极其丰富，是我国乃至世界上水资源最丰富的地区。

### 魔法揭秘

原来，影响峡谷形成的主要原因有两个，一是该地区长久以来地壳的快速提升及深部地质作用；二是山间湍急的水流长年累月的侵蚀和下切作用。从峡谷形成原因来看，雅鲁藏布江大峡谷与科罗拉多大峡谷基本相似。

秋天的雅鲁藏布江景色迷人，是名副其实的“西藏的江南”。

# 巨大的镜子

## 湖泊的形成

### 自然魔法书

如果我们从高空俯视广阔的大地，可以发现大地上有许多闪闪发亮的大“镜子”，它们就是湖泊。地球上有着各种各样的湖泊，有的颜色多变，有的深不可测，有的形状奇特……它们都是怎样神奇出现的呢？

### 湖泊的形成

湖泊是湖盆（储存湖水的洼地）和运动的水体相互作用的综合体。根据具体的形成原因，湖泊又分为多种类型。比如，火山喷发的熔岩和碎屑物阻塞河流而形成的火山湖；冰川挖蚀成的洼坑和冰碛物堵塞冰川槽谷积水而成的湖泊是冰川湖；地壳运动形成的湖叫作构造湖；人工修建水库形成的湖泊为人工湖。

美丽的湖泊

长白山天池是著名的火山湖，湖水平静晶莹，就像一面宝镜。

## 湖泊种种

hú pō àn zhào bù tóng de fēn lèi biāo zhǔn kě fēn wéi bù
湖泊按照不同的分类标准，可分为不
tóng de zhǒng lèi àn zhào shuǐ de kuàng huà chéng dù fēn wéi dàn shuǐ
同的种类。按照水的矿化程度分为淡水
hú hé xián shuǐ hú dàn shuǐ hú hú shuǐ de yán dù bǐ jiào dī
湖和咸水湖。淡水湖湖水的盐度比较低，
méi yǒu xián wèi xián shuǐ hú hú shuǐ de yán dù jiào gāo yǒu yī
没有咸味。咸水湖湖水的盐度较高，有一
dìng de xián wèi àn zhào hú pō yǔ hǎi yáng de guān xì kě yǐ fēn
定的咸味。按照湖泊与海洋的关系可以分
wéi wài liú hú hé nèi liú hú wài liú hú hú shuǐ yǔ hé liú xiāng
为外流湖和内流湖。外流湖湖水与河流相
lián zuì zhōng huì rù hǎi yáng nèi liú hú duō shì xián shuǐ hú
连，最终汇入海洋。内流湖多是咸水湖，
méi yǒu chū kǒu hú shuǐ bù néng liú rù hǎi yáng
没有出口，湖水不能流入海洋。

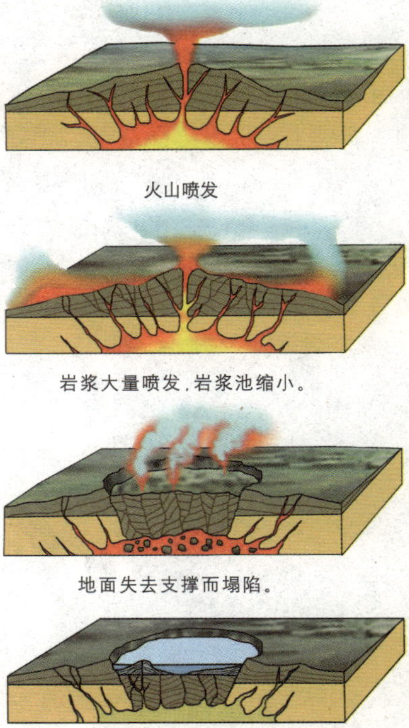
火山喷发
岩浆大量喷发，岩浆池缩小。
地面失去支撑而塌陷。
降水汇聚成湖。
火口湖的形成

外流湖

内流湖

### 魔法揭秘

lù dì shang mǒu ge dì fang xíng chéng yī ge fēng bì de wā dì bìng huì jī
陆地上某个地方形成一个封闭的洼地并汇积
le yī dìng liàng de shuǐ hòu jiù xíng chéng le yī ge hú
了一定量的水后，就形成了一个湖。

wǔ yán liù sè de hǎi
# 五颜六色的海

hǎi yáng lüè yǐng
## 海洋掠影

### 自然魔法书

yǒu rén shuō dì qiú
有人说地球
shì yī ge lán sè de xīng
是一个蓝色的星
qiú yì si shì shuō dì
球，意思是说，地
qiú biǎo miàn de dà bù fen
球表面的大部分
dōu bèi lán sè de hǎi shuǐ fù
都被蓝色的海水覆
gài zhe qí shí dì qiú shang
盖着。其实，地球上
chú le lán sè de hǎi yáng wài hái
除了蓝色的海洋外，还
yǒu bái sè de hǎi yáng hóng sè de hǎi
有白色的海洋、红色的海
yáng huáng sè de hǎi yáng hēi sè de
洋、黄色的海洋、黑色的
hǎi yáng ne
海洋呢！

### 海水的颜色

wǒ men cháng shuō lán sè de dà
我们常说“蓝色的大
hǎi dàn shì dāng nǐ zài hǎi biān yǎo qǐ yī
海”，但是，当你在海边舀起一
wǎn hǎi shuǐ shí nǐ huì fā xiàn tā bìng bù shì lán
碗海水时，你会发现它并不是蓝
sè de ér shì wú sè tòu míng de wèi shén me dà hǎi
色的，而是无色透明的。为什么大海
huì chéng xiàn lán sè ne yuán lái tài yáng de guāng xiàn
会呈现蓝色呢？原来，太阳的光线
zhōng yǒu chì chéng huáng lǜ qīng lán zǐ qī zhǒng
中有赤、橙、黄、绿、青、蓝、紫七种
yán sè tā men de bō cháng gè bù xiāng tóng guāng de bō
颜色，它们的波长各不相同，光的波
cháng yuè cháng hǎi shuǐ xī shōu de yuè duō fǎn shè yuè shǎo
长越长，海水吸收得越多，反射越少；
guāng bō yuè duǎn hǎi shuǐ xī shōu yuè shǎo fǎn shè yuè
光波越短，海水吸收越少，反射越
duō yáng guāng zhōng de lán guāng zǐ guāng hé lǜ guāng de
多。阳光中的蓝光、紫光和绿光的
bō cháng jiào duǎn hǎi shuǐ xī shōu de shǎo dà bù fen
波长较短，海水吸收得少，大部分
bèi fǎn shè huí lái suǒ yǐ wǒ men kàn dào de hǎi
被反射回来，所以，我们看到的海
shuǐ shì wèi lán sè de
水是蔚蓝色的。

地球海洋分布图

那些蓝色的部分就是海洋，从图中可以看出，海洋占据了地球的大部分。

## 白海、红海、黑海、黄海

白海位于北极圈附近，那里气候寒冷，海面上常年被白色的冰雪覆盖着，远远望去，一片银白，所以人们称之为“白海”。红海位于阿拉伯半岛和非洲东北部之间，因海洋深处生长着一种红色的藻类，天长日久，红藻细胞里的藻红素把海水染成了红色而得名。黑海的水看上去漆黑一团，实际上是被海底黑色淤泥映衬成这样的。黄海呈现土黄色是因为海水中挟带着大量黄色泥沙的缘故。

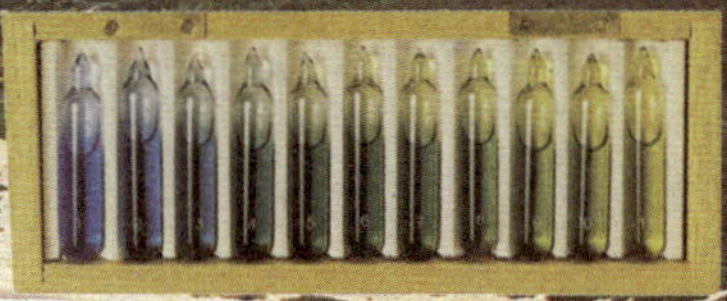

太平洋西北海域的水色分布图

## 魔法揭秘

原来，海水本身是没有颜色的，只是不同的环境和条件使得它呈现出了不同的颜色。我们大多数时候看到海水是蓝色的，主要是由于海水对光线的吸收和反射能力的不同而造成的。

蓝色的海洋

dà hǎi de hū xī
# 大海的呼吸

cháo xī de xíng chéng
## 潮汐的形成

### 自然魔法书

wú lùn hǎi miàn fēng
无论海面风
píng làng jìng hái shì bō tāo
平浪静还是波涛
xiōng yǒng jū zhù zài hǎi
汹涌，居住在海
biān de rén měi tiān dōu huì
边的人，每天都会
kàn dào hǎi shuǐ yǒu guī lǜ de
看到海水有规律地
jìn tuì zhǎng luò liǎng cì zhè zhǒng
进退、涨落两次，这种
xiàn xiàng jiào zuò cháo xī hǎi shuǐ
现象叫做潮汐。海水
měi tiān zhǎng zhǎng luò luò jiù
每天涨涨落落，就
xiàng dà hǎi de hū xī yí yàng zhǐ
像大海的呼吸一样，只
bú guò tā xī jìn hé tǔ chū de shì hǎi shuǐ
不过它吸进和吐出的是海水
ér yǐ
而已。

### 潮汐的形成

yuè qiú rào zhe dì qiú xuán zhuǎn shí huì duì dì
月球绕着地球旋转时，会对地
qiú chǎn shēng yǐn lì shǐ hǎi shuǐ zhǎng luò xíng chéng
球产生引力，使海水涨落，形成
cháo xī rén men bǎ bái tiān de zhǎng luò jiào cháo
潮汐。（人们把白天的涨落叫“潮”，
wǎn shàng de jiào xī hé qǐ lái chēng wéi cháo
晚上的叫“汐”，合起来称为“潮
xī hǎi yáng shuǐ wèi shàng shēng xíng chéng gāo cháo
汐”。）海洋水位上升形成高潮，
xià jiàng xíng chéng dī cháo cháo xī de dà xiǎo hé zhǎng
下降形成低潮。潮汐的大小和涨
luò shí kè měi tiān shì bù yí yàng de tā zhǔ yào suí zhe
落时刻每天是不一样的，它主要随着
yuè qiú de yùn xíng ér biàn huà
月球的运行而变化。

## 大潮与小潮

每到农历初一或十五，地球、月球、太阳的位置几乎在同一条直线上时，就会形成形成大潮。当农历初七、初八或二十二、二十三时，月球对地球的引力与太阳对地球的引力互相垂直，便会出现小潮。

## 潮汐对人类的贡献

潮汐的涨落一般可达5～6米，有些地方甚至高达几十米，而且潮汐每天都会发生，永不停息。如何利用潮汐的力量为人类服务呢？人类想出了一个好办法，就是修建水库，在涨潮时把水蓄起来，然后利用水位落差来发电。

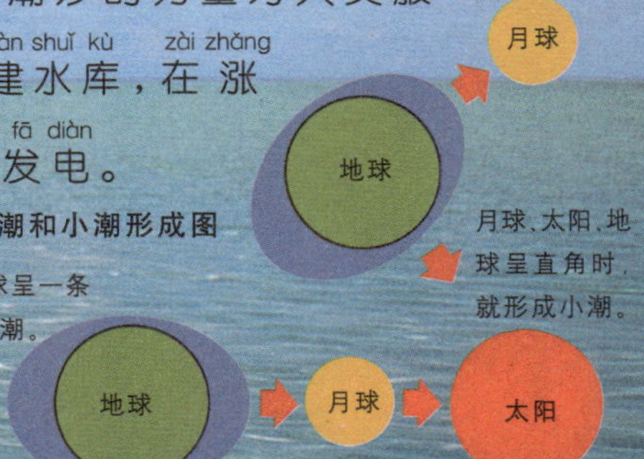


大潮和小潮形成图

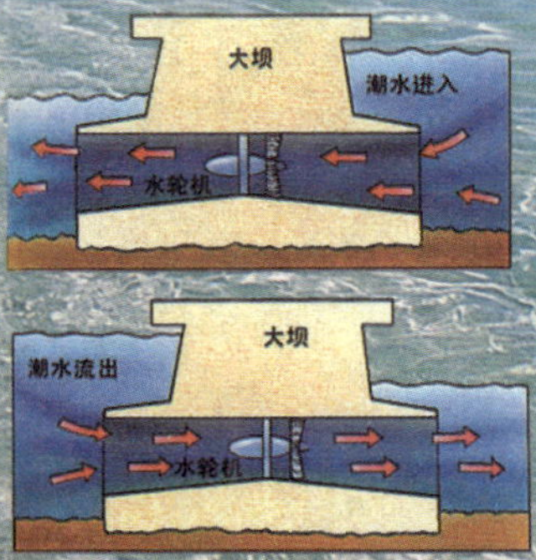


潮汐发电示意图

## 魔法揭秘

潮汐是月亮和太阳对地球引力共同作用的结果。

## 第二章

# 生物王国的戏法

shù yì nián qián yuán shǐ shēng wù de chū xiàn gěi yuán běn huāng liáng gū jì de dì
数亿年前，原始生物的出现给原本荒凉孤寂的地
qiú dài lái le yī mǒ shēng mìng de liàng sè cóng cǐ shēng mìng péng bó fā zhǎn qǐ lái
球带来了一抹生命的亮色，从此，生命蓬勃发展起来。
cóng yī ge dān dú de xiǎo xì bāo dào jié gòu jiǎn dān de hǎi zǎo zài dào yī kē shēng jī bó
从一个单独的小细胞到结构简单的海藻再到一棵生机勃
bó de dà shù cóng dī děng de wú jǐ zhuī dòng wù dào pá xíng liǎng qī lèi dòng wù zài dào
勃的大树，从低等的无脊椎动物到爬行两栖类动物再到
gèng gāo děng de bǔ rǔ dòng wù shēng wù wáng guó li shàng yǎn zhe yī mù mù shén
更高等的哺乳动物……生物王国里上演着一幕幕神
qí de shēng mìng xì fǎ gè zhǒng shēng wù kě wèi dà zì rán de jīng líng yǐ gè zhǒng
奇的生命戏法。各种生物可谓大自然的精灵，以各种
xíng tài diǎn zhuì zhe hé liú hǎi yáng tiān kōng hé lù dì tā men zūn xún zhe shēng cún
形态点缀着河流、海洋、天空和陆地，它们遵循着生存
de zì rán fǎ zé dàn yòu bù duàn de chāo yuè zhe zì wǒ chuàng zào chū shēng mìng de
的自然法则，但又不断地超越着自我，创造出生命的
qí jì zǔ chéng le shēng jī àng rán de shì jiè
奇迹，组成了生机盎然的世界！

dì qiú rè nao qǐ lái le
# 地球热闹起来了

shēng mìng de qǐ yuán
## 生命的起源

### 自然魔法书

dì qiú zài xíng chéng
地球在形成
zhī chū biǎo miàn dào chù
之初，表面到处
dōu shì róng huà de yán jiāng
都是熔化的岩浆。
xǔ duō yì nián hòu yuán shǐ
许多亿年后，原始
shēng mìng chū xiàn le tā men
生命出现了，它们
bàn suí zhe dì qiú de chéng zhǎng
伴随着地球的成长
bù duàn de yǎn huà jiàn jiàn zǔ
不断地演化，渐渐组
chéng le shēng jī bó bó de shēng wù
成了生机勃勃的生物
quān shǐ dì qiú biàn de rè nao fēi fán
圈，使地球变得热闹非凡。

始祖鸟化石

### 早期的地球

qǐ chū dì qiú nèi bù wēn dù fēi
起初，地球内部温度非
cháng gāo gǔn tàng de yán jiāng cóng dì biǎo
常高，滚烫的岩浆从地表
liè fèng zhōng chōng chū shǐ dà qì céng zhōng
裂缝中冲出，使大气层中
chōng mǎn le èr yǎng huà tàn dàn hé shuǐ zhēng qì děng qì tǐ yán
充满了二氧化碳、氮和水蒸气等气体。岩
jiāng lěng què hòu shuǐ zhēng qì níng jié chéng yǔ luò xià lái jī
浆冷却后，水蒸气凝结成雨，落下来积
jù chéng hǎi nà shí dì qiú shàng kōng léi diàn jiāo jiā dì
聚成海。那时地球上空雷电交加，地
biǎo hái shòu dào qiáng liè de zǐ wài xiàn fú shè kē xué jiā
表还受到强烈的紫外线辐射。科学家
rèn wéi zhè xiē guāng hé diàn dài lái de jù dà néng liàng jī fā
认为，这些光和电带来的巨大能量激发
le dì qiú shang shēng mìng de dàn shēng
了地球上生命的诞生。

科学家们根据古生物化石，复原出了一部分早期的海洋生物。

## 生命的起源

zài dì qiú màn cháng de chéng zhǎng guò chéng
在地球漫长的成长过程
zhōng dà liàng hán tàn de wú jī wù màn màn hé
中，大量含碳的无机物慢慢合
chéng le dàn bái zhì hé suān děng yǒu jī wù zhè
成了蛋白质、核酸等有机物，这
xiē yǒu jī wù hé dì miàn shang de xǔ duō kuàng wù
些有机物和地面上的许多矿物
zhì bù duàn de suí zhe yǔ shuǐ liú rù yuán shǐ hǎi
质不断地随着雨水流入原始海
yáng hòu lái hǎi shuǐ zhōng de dà liàng yǒu jī
洋。后来，海水中的大量有机
wù yǔ shuǐ fēn lí tóng shí yòu bù duàn de xī shōu hǎi shuǐ zhōng kuàng wù zhì
物与水分离，同时又不断地吸收海水中矿物质
de néng liàng jìn xíng zì wǒ kuò dà hé gǎi zào jìn ér yǎn huà chéng le yuán
的能量，进行自我扩大和改造，进而演化成了原
shǐ shēng mìng hòu lái zhè xiē hǎi yáng shēng mìng dēng shàng le lù dì
始生命。后来，这些海洋生命登上了陆地。
yú shì dì qiú shang de shēng mìng jiù péng bó fā zhǎn qǐ lái le
于是，地球上的生命就蓬勃发展起来了。

在地球成长的早期，大量的物质聚积在原始海洋里。

### 魔法揭秘

dì qiú shang de shēng mìng dōu shì yóu
地球上的生命都是由
yuán shǐ shēng mìng yǎn huà ér lái de ér shuǐ shì yùn yù yuán shǐ shēng
原始生命演化而来的，而水是孕育原始生
mìng de wēn chuáng shēng mìng qǐ yuán yú shuǐ
命的温床，生命起源于水。

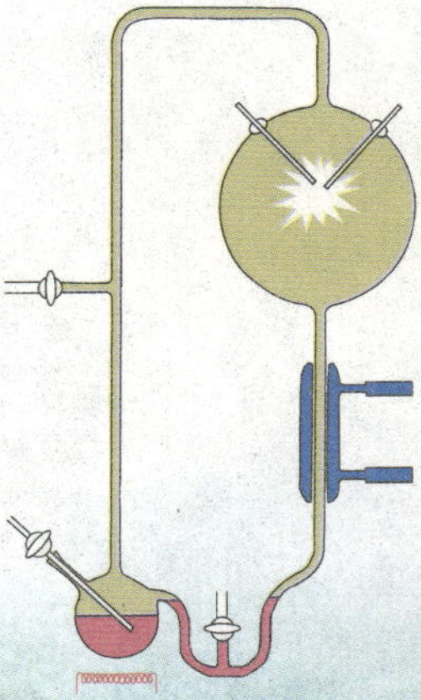
科学实验证明：在一定的条件下，原始地球上的无机物能够转化成有机物。

shí jiān de xuǎn zé

# 时间的选择

shēng wù de jìn huà

## 生物的进化

### 自然魔法书

jīng guò yán jiū huà
经过研究化
shí kē xué jiā fā xiàn zì
石，科学家发现，自
cóng yuán shǐ dì qiú shang
从原始地球上
chū xiàn shēng mìng yǐ lái
出现生命以来，
biàn huà jiù yī zhí zài jìn xíng
变化就一直在进行。
lì rú mǎ de jìn huà jiù jīng lì le
例如马的进化就经历了
shǐ zǔ mǎ zhōng mǎ cǎo
始祖马——中马——草
yuán gǔ mǎ xiàn dài mǎ de guò
原古马——现代马的过
chéng nán dào shì shí jiān de mó lì
程。难道是时间的魔力
cù shǐ shēng wù jìn huà de ma
促使生物进化的吗？

### 生物进化

shēng wù jìn huà yòu jiào shēng wù de yǎn huà shì shēng wù shì
生物进化又叫生物的演化，是生物世
dài yán xù guò chéng zhōng suǒ fā shēng de jī lěi xìng biàn huà suǒ
代延续过程中所发生的积累性变化。所
yǒu shēng wù wèi le shì yìng shēng huó huán jìng zài shēn tǐ gòu zào
有生物为了适应生活环境，在身体构造
shang dōu huì fā shēng biàn huà lì rú bīng chuān shí qī yī qún
上都会发生变化。例如冰川时期，一群
zōng xióng cóng zhǔ qún zhōng fēn lí chū lái zài běi jí de yán hán
棕熊从主群中分离出来，在北极的严寒
huán jìng xià jìn huà chéng le běi jí xióng tā men de tǐ sè
环境下进化成了北极熊。它们的体色
yóu zōng sè yǎn huà chéng le bái sè
由棕色演化成了白色，
yǔ zhōu wéi huán jìng yán sè yī zhì
与周围环境颜色一致，
biàn yú liè bǔ shí wù
便于猎捕食物。

北极熊是趋异进化而来的。

**趋异进化**

趋异进化是指同类生物在进化过程中，受不同的生活环境的作用而发生的体态变化的现象。

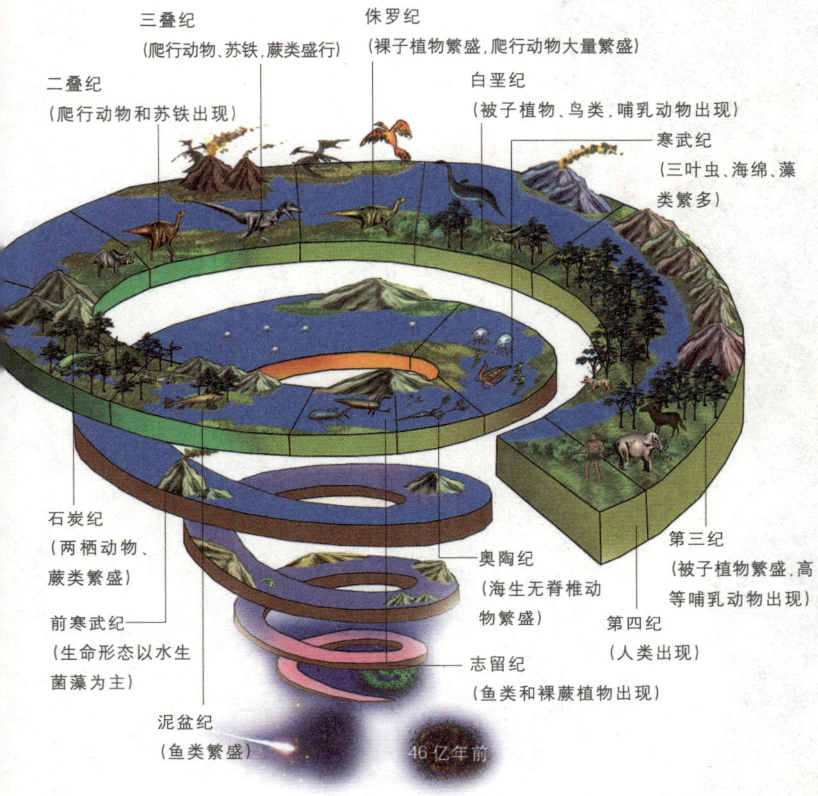


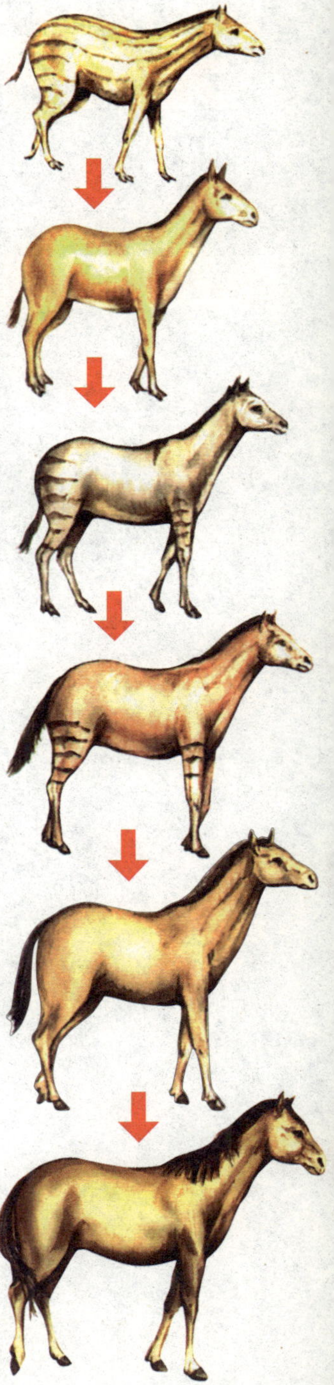
马的进化过程

## 进化历程

shēng mìng de jìn huà shì yī ge qián jìn xìng de yùn dòng lì chéng zūn xún zhe
生命的进化是一个前进性的运动历程，遵循着
yóu jiǎn dān dào fù zá yóu shuǐ shēng dào lù shēng yóu dī děng dào gāo děng de fā
由简单到复杂、由水生到陆生、由低等到高等的发
zhǎn shùn xù lì rú zhí wù de jìn huà lì chéng shì xiān shì yī xiē jié gòu jiǎn
展顺序。例如，植物的进化历程是：先是一些结构简
dān de yuán shǐ lǜ zǎo jìn huà chéng luǒ jué lèi zhí wù rán hòu luǒ jué lèi zhí wù
单的原始绿藻进化成裸蕨类植物，然后裸蕨类植物
jìn huà chéng jué lèi zhí wù zuì hòu yòu jìn huà chéng le zhǒng zi zhí wù
进化成蕨类植物，最后又进化成了种子植物。

## 魔法揭秘

wù jìng tiān zé shì zhě shēng cún shēng wù de jìn huà bìng
“物竞天择，适者生存。”生物的进化并
bù shì shí jiān de mó fǎ ér shì shēng wù duì yú shēng cún huán jìng
不是时间的魔法，而是生物对于生存环境
de yī zhǒng shì yìng xìng biǎo xiàn
的一种适应性表现。

wú chù bù zài de jiāo huàn
# 无处不在的交换

shēng wù de hū xī zuò yòng
## 生物的呼吸作用

### 自然魔法书

shēng wù yào shēng cún bì xū jìn xíng hū xī, hū xī wú chù bù zài。kūn chóng yī kào hū xī kǒng lái hū xī；liǎng qī dòng wù tōng guò pí fū lái hū xī；niǎo lèi tōng guò qì náng lái hū xī；bāo kuò rén lèi zài nèi de lù shēng de jǐ zhuī dòng wù zé tōng guò fèi lái hū xī……

生物要生存必须进行呼吸，呼吸无处不在。昆虫依靠呼吸孔来呼吸；两栖动物通过皮肤来呼吸；鸟类通过气囊来呼吸；包括人类在内的陆生的脊椎动物则通过肺来呼吸……

### 生物的呼吸作用

shēng wù de shēng mìng huó dòng xū yào xiāo hào néng liàng, zhè xiē néng liàng lái zì shēng wù tǐ nèi táng lèi、zhī lèi hé dàn bái zhì děng yǒu jī wù de yǎng huà fēn jiě。shēng wù tǐ nèi de yǒu jī wù zài xì bāo nèi jīng guò yī xì liè yǎng huà fēn jiě, zuì zhōng shēng chéng èr yǎng huà tàn huò qí tā chǎn wù, bìng qiě shì fàng chū néng liàng de zǒng guò chéng, jiào zuò hū xī zuò yòng (yòu jiào shēng wù yǎng huà)。shēng wù de hū xī zuò yòng suǒ chǎn shēng de néng liàng shì tuī dòng yī qiè shēng mìng huó dòng de dòng lì。

生物的生命活动需要消耗能量，这些能量来自生物体内糖类、脂类和蛋白质等有机物的氧化分解。生物体内的有机物在细胞内经过一系列氧化分解，最终生成二氧化碳或其他产物，并且释放出能量的总过程，叫做呼吸作用（又叫生物氧化）。生物的呼吸作用所产生的能量是推动一切生命活动的动力。

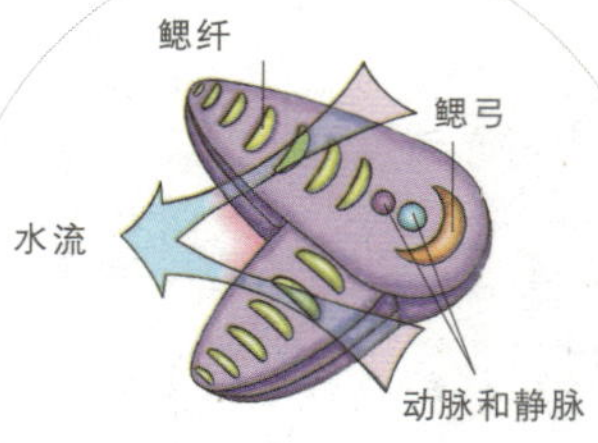

鱼的呼吸器官——鱼鳃

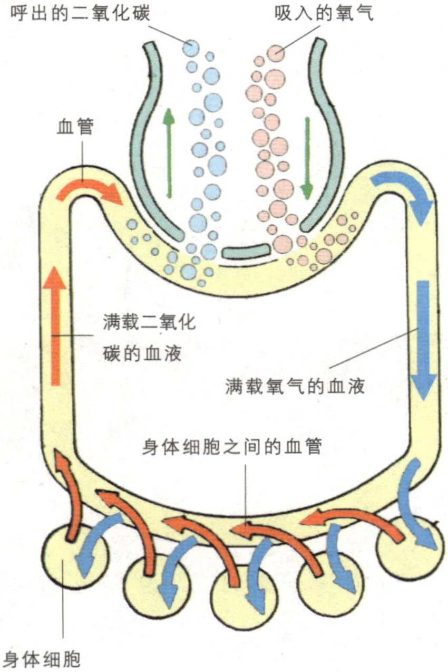

细胞呼吸和有氧呼吸

## 呼吸作用的进行方式

shēng wù de hū xī zuò yòng bāo kuò yǒu yǎng hū xī hé
生物的呼吸作用包括有氧呼吸和
wú yǎng hū xī liǎng zhǒng lèi xíng jué dà duō shù dòng wù dōu
无氧呼吸两种类型。绝大多数动物都
jìn xíng yǒu yǎng hū xī tā men de hū xī qì guān xī rù
进行有氧呼吸。它们的呼吸器官吸入
kōng qì zhōng de yǎng qì hòu xuè yè bǎ yǎng qì shū sòng dào
空气中的氧气后，血液把氧气输送到
shēn tǐ de gè gè xì bāo xì bāo zhōng de yǎng qì hé shí wù
身体的各个细胞，细胞中的氧气和食物
xiāng jié hé shì fàng néng liàng rán hòu zài jiāng wú yòng de
相结合，释放能量。然后，再将无用的
èr yǎng huà tàn pái chū tǐ wài dàn yě yǒu xiē shēng wù jìn
二氧化碳排出体外。但也有些生物进
xíng wú yǎng hū xī lì rú jiào mǔ hé xì jūn yīn wèi tā
行无氧呼吸，例如酵母和细菌，因为它
men hū xī shí gēn běn bù xū
们呼吸时根本不需
yào yǎng qì
要氧气。

鸟类靠气囊进行呼吸。

## 魔法揭秘

qí shí shēng wù de hū xī zuò yòng dōu shì wèi le
其实，生物的呼吸作用都是为了
shì fàng néng liàng bìng yī kào shì fàng de néng liàng wéi chí
释放能量，并依靠释放的能量维持
jī běn de shēng mìng huó dòng
基本的生命活动。

青蛙是典型的两栖动物，它靠皮肤来呼吸。

kàn shēngmìng de biàn huà
# 看，生命的变化

shēng zhǎng hé fā zhǎn de guī lǜ
## 生长和发展的规律

### 自然魔法书

rú guǒ bǎ zhí wù de
如果把植物的
zhǒng zi zhòng zài tǔ rǎng
种子种在土壤
li guò yī duàn shí jiān
里，过一段时间
zhǒng zi jiù huì fā yá zhǎng
种子就会发芽，长
chū jīng hé yè yǒu de kě yǐ
出茎和叶，有的可以
kāi huā jiē shí yǒu de kě yǐ
开花结实，有的可以
chí xù shēng zhǎng tóng yàng
持续生长。同样，
xiǎo dòng wù zài cóng xiǎo dào dà
小动物在从小到大
de guò chéng zhōng yě yǒu yī xiē gǎi
的过程中，也有一些改
biàn kàn shēng mìng de biàn huà
变。看，生命的变化
duō me shén qí
多么神奇！

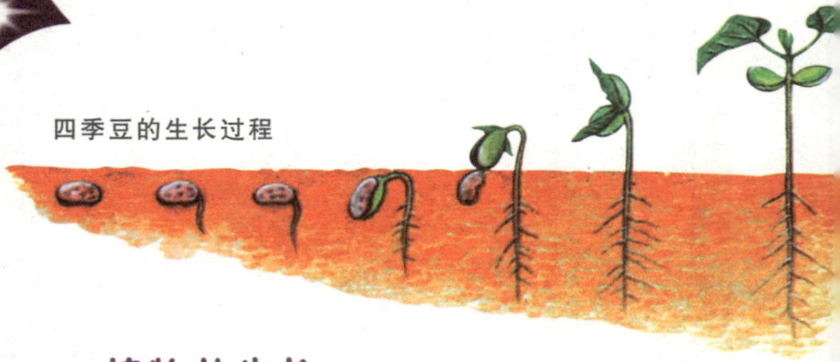
四季豆的生长过程

### 植物的生长

zhí wù yī bān shì yóu yī kē xiǎo xiǎo de zhǒng zi fā yù
植物一般是由一颗小小的种子发育
ér chéng de zhǒng zi lǐ miàn hán yǒu pēi tāi jí qí shēng zhǎng
而成的，种子里面含有胚胎及其生长
suǒ xū yào de yíng yǎng dāng wài jiè tiáo jiàn jù bèi shí pēi
所需要的营养。当外界条件具备时，胚
fā yù chéng pēi yá hé pēi gēn lì yòng pēi rǔ tí gōng de yíng
发育成胚芽和胚根，利用胚乳提供的营
yǎng shǐ yòu miáo pò tǔ ér chū xíng chéng jīng zhī yè hé
养，使幼苗破土而出，形成茎、枝、叶和
gēn zǔ chéng zhí zhū zhí zhū bù duàn xī shōu yáng guāng
根，组成植株。植株不断吸收阳光，
cóng tǔ rǎng zhōng xī shōu shuǐ fèn hé yǎng fèn shēng zhǎng zhuàng
从土壤中吸收水分和养分，生长壮
dà dào le yī dìng nián líng tā jiù kāi huā jiē
大。到了一定年龄，它就开花、结
guǒ chéng shú shuāi lǎo sǐ wáng bìng liú xià zhǒng
果、成熟、衰老、死亡，并留下种
zi jìn xíng xīn yī lún de shēng mìng xún huán
子进行新一轮的生命循环。

## 动物的生长

大多数动物的生长和发育是从受精卵开始的。但由于生活环境和生活习性的差异，不同的动物表现出了不同的生长特征。大部分哺乳动物的受精卵在母体内发育成熟，幼仔出生后体形慢慢变大，逐渐长成同类动物的形状。而有些昆虫却表现出了变态的生长方式。例如，菜粉蝶的成长要经历幼虫、蛹、成虫三种变化。

以长颈鹿为例，看看哺乳动物的生命周期。

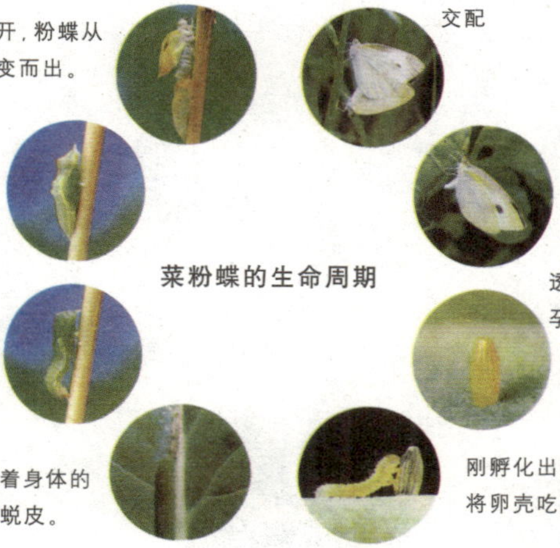

菜粉蝶的生命周期

交配

雌粉蝶在叶面上产卵。

透亮的卵壳中孕育着新生命。

刚孵化出的毛虫会将卵壳吃掉。

幼虫随着身体的长大要蜕皮。

幼虫吐丝结茧变为蛹。

它们以蛹的形态度过整个冬天。

春暖花开，粉蝶从蛹中脱变而出。

## 魔法揭秘

看来，生物的生长和发展是由它们的遗传特征、身体构造以及生存环境决定的。

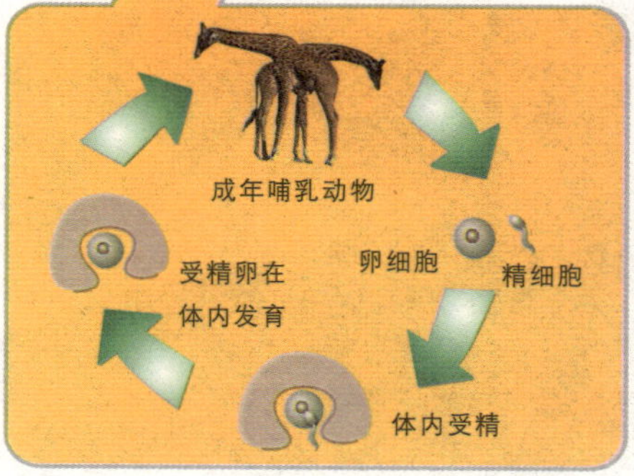

yī kē shù li kàn shì jiè
# 一棵树里看世界

shēng tài xì tǒng
## 生态系统

### 自然魔法书

zì rán jiè zhōng de
自然界中的
rèn hé shēng wù dōu bù néng
任何生物都不能
gū lì shēng cún ér yào
孤立生存，而要
yǔ zhōu wéi huán jìng hé qí
与周围环境和其
tā shēng wù xiāng hù yī cún
他生物相互依存、
xiāng hù yǐng xiǎng zhe yī ge wán
相互影响着。一个完
zhěng de shēng wù qún luò hé tā
整的生物群落和它
zhōu wéi de huán jìng jiù zǔ chéng le
周围的环境就组成了
yī ge shēng tài xì tǒng kě yǐ shuō
一个生态系统。可以说，
yī kē shù jiù shì yī ge wán zhěng de shēng
一棵树就是一个完整的生
tài xì tǒng
态系统。

### 生态系统的形成

wèi le shēng cún hé fán yǎn měi yī zhǒng shēng wù dōu
为了生存和繁衍，每一种生物都
yào cóng zhōu wéi de huán jìng zhōng huò qǔ kōng qì shuǐ fèn
要从周围的环境中获取空气、水分、
yáng guāng rè liàng hé yíng yǎng wù zhì tóng shí yòu bù duàn de
阳光、热量和营养物质，同时又不断地
xiàng zhōu wéi huán jìng shì fàng hé pái xiè gè zhǒng wù zhì chú
向周围环境释放和排泄各种物质。除
cǐ zhī wài měi yī zhǒng shēng wù hái yào yǔ zhōu wéi qí tā
此之外，每一种生物还要与周围其他
shēng wù xiāng hù zuò yòng jīng guò cháng qī de zì rán yǎn
生物相互作用。经过长期的自然演
huà měi ge qū yù de shēng wù hé huán jìng zhī jiān shēng
化，每个区域的生物和环境之间、生
wù yǔ shēng wù zhī jiān dōu xíng chéng le yī zhǒng xiāng duì
物与生物之间，都形成了一种相对
wěn dìng de jié gòu shēng tài xì tǒng
稳定的结构——生态系统。

灰鼠的生活圈

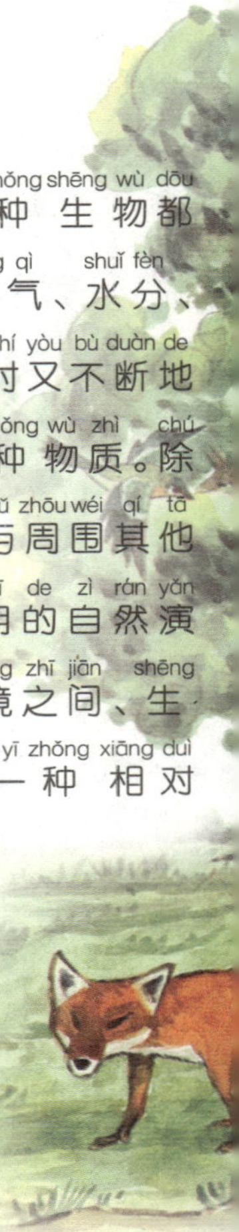

温带森林的生态系统

## 生态系统的分类

自然界的生态系统大小不一，多种多样，小如一滴湖水、一块草地，大如湖泊、森林、草原以至包罗地球上一切生态系统的生物圈。生态系统按环境的不同可分为湖泊生态系统、海洋生态系统、森林生态系统等等；按成因可分为自然生态系统（如草原、森林等）、半人工生态系统（如农田等）以及人工生态系统（如城市、工厂等）。

一棵树的生态系统

### 魔法揭秘

其实，生态系统就是生物与环境之间、生物与生物之间物质和能量循环的结构。

河湖湿地的生态系统

# 潜在的紧密关系

## 自然魔法书

地球上生存着百万余种生物，虽然它们各不相同，却因为“吃”与“被吃”而紧密地联系在一起。动物吃植物和其他的动物，真菌、细菌分解动物与植物死后的尸体，分解成的物质会再次被生物利用……

## 食物链与食物网

### 食物链

在生态系统中，各种动植物和微生物之间互相提供食物而形成的一种相互依存的链条关系，就是食物链。例如老鹰吃麻雀，麻雀吃小麦（小麦→麻雀→老鹰），这就形成了一个简单的食物链。一个食物链至少有三个环节，食物链的第一个环节往往是植物，称为生产者，食物链的其他生物被称为消费者。

生产者、分解者和消费者构成了循环的食物网。

## 食物网

zài shēng tài xì tǒng zhōng shēng wù zhī jiān de shí wù guān xì bìng bù
在生态系统中，生物之间的食物关系并不
shì jiǎn dān de zhí xiàn guān xì yī zhǒng xiāo fèi zhě wǎng wǎng bù jǐn jǐn
是简单的直线关系。一种消费者往往不仅仅
chī yī zhǒng shí wù ér yī zhǒng shí wù yòu wǎng wǎng bèi bù tóng de xiāo
吃一种食物，而一种食物又往往被不同的消
fèi zhě chī diào suǒ yǐ gè zhǒng shí wù liàn xiāng hù jiāo cuò
费者吃掉。所以，各种食物链相互交错
lián jié jiù xíng chéng le wǎng zhuàng jié gòu shí wù
联结，就形成了网状结构——食物
wǎng néng liàng de liú dòng wù zhì de qiān yí jiù
网。能量的流动、物质的迁移，就
shì tōng guò shí wù liàn huò shí wù wǎng
是通过食物链或食物网
lái jìn xíng de
来进行的。

猎豹捕食羚羊。

**消费者**

消费者必须靠生产者来获取食物和能量，以其他生物为食。根据直接或间接依靠生产者的关系，它们又分为初级消费者、次级消费者、三级消费者等。

**生产者**

生产者包括所有绿色植物、藻类和少数细菌等自养生物。这些生物能将水、二氧化碳等无机物合成有机物，并把太阳能转化为化学能，从而为消费者和分解者提供能量。

能量金字塔

### 魔法揭秘

shí wù liàn hé shí wù wǎng shì wéi chí shēng tài
食物链和食物网是维持生态
xì tǒng píng héng de guān jiàn yīn sù tóng shí yòu shì
系统平衡的关键因素，同时又是
shēng wù jìn huà de tuī dòng lì
生物进化的推动力。

# 便利的绿色工厂

## 植物的光合作用

### 自然魔法书

自然界中的植物每年通过光合作用合成近2000亿吨有机物，将大量的太阳能转化为地球生物生存必需的能量，并释放上亿吨氧气。植物因此被称为“绿色工厂”。

### 光合作用的过程

绿叶不仅能为地球提供氧气，还能美化环境。

光合作用是指植物利用光能，将二氧化碳和水等无机物合成有机物，并释放氧气的过程，它包括光反应和暗反应两个阶段。光反应在光的作用下进行，通过叶绿素吸收光能并生成高能物质，同时释放氧气。紧接着，暗反应借助光反应生成能量和物质，把吸收的二氧化碳合成为葡萄糖等有机物。

光合作用示意图

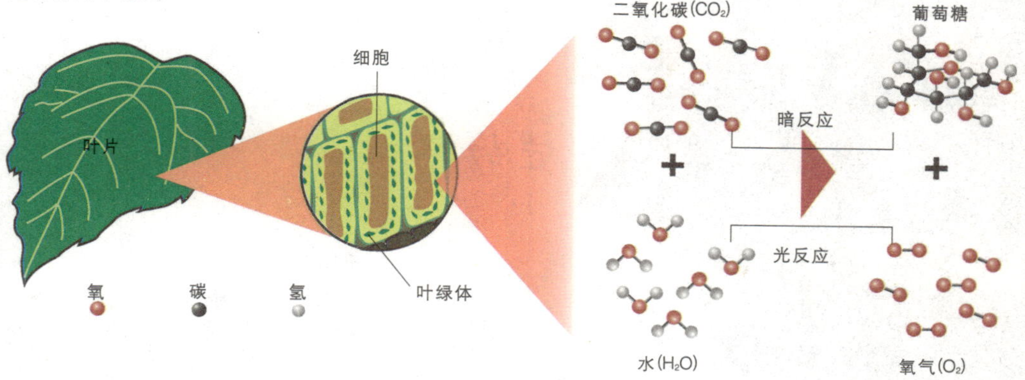


叶绿体和叶绿素

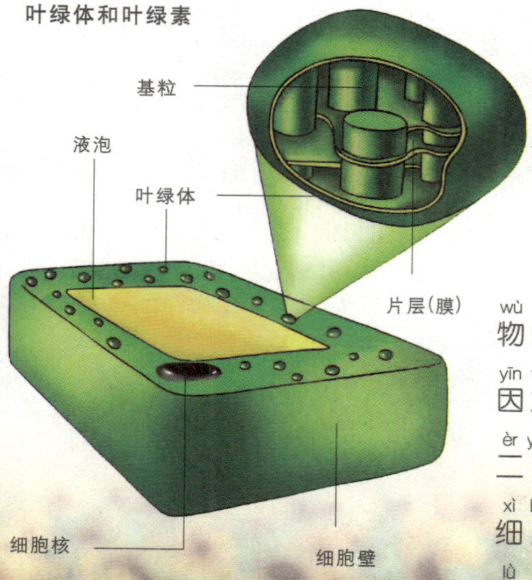


## 叶绿素——光合作用必需的物质

光合作用中合成的有机物是植物和其他生物赖以生长的主要物质来源和全部能量来源。而植物的光合作用必须依靠叶绿素来进行，因为叶绿素能吸收太阳能，使植物利用二氧化碳和水制造养分。大部分植物细胞必须在光线照射时才会生成叶绿素。叶绿素能使植物细胞呈现绿色。

## 魔法揭秘

原来，叶绿素促成了植物的光合作用，是它使植物成为“绿色工厂”，制造出了大量的营养物质和能量。

páng dà de zhí wù jiā zú
# 庞大的植物家族

zhí wù qún luò
## 植物群落

## 自然魔法书

zhí wù shì yī ge dà jiā zú zài zhè ge jiā zú lǐ miàn bù jǐn yǒu dān xì bāo de jūn lèi hé zǎo lèi yě yǒu kāi huā jiē shí de cān tiān dà shù yǒu yě shēng de qí huā yì cǎo yě yǒu rén gōng zāi péi de wēn shì zhí wù zhè ge páng dà de zhí wù jiā zú bǎ dì qiú diǎn zhuì de sè cǎi bīn fēn

植物是一个大家族。在这个家族里面不仅有单细胞的菌类和藻类，也有开花结实的参天大树；有野生的奇花异草，也有人工栽培的温室植物。这个庞大的植物家族把地球点缀得色彩缤纷。

### 庞大的植物家族

dì qiú shang de zhí wù zhǔ yào fēn wéi liǎng dà lèi yǐn huā zhí wù hé xiǎn huā zhí wù yǐn huā zhí wù shì zhǐ bù kāi huā de zhí wù bāo kuò tái xiǎn lèi zǎo lèi děng dī děng zhí wù yǐ jí luǒ zǐ zhí wù tā men tōng cháng shēng zhǎng zài yīn àn yǐn bì de dì fang xiǎn huā zhí wù zhǐ de shì huì kāi huā de zhí wù mù qián quán shì jiè de xiǎn huā zhí wù yuē yǒu wàn zhǒng wú lùn shì gāo shān hé píng yuán hái shì hé hú hé shā mò dào chù dōu kě yǐ fā xiàn tā men de zōng yǐng

地球上的植物主要分为两大类：隐花植物和显花植物。隐花植物是指不开花的植物，包括苔藓类、藻类等低等植物以及裸子植物，它们通常生长在阴暗、隐蔽的地方。显花植物指的是会开花的植物。目前全世界的显花植物约有25万种，无论是高山和平原，还是河湖和沙漠，到处都可以发现它们的踪影。

海岸边的植物群落

## 植物群落

原始森林里的
植物群落

yóu duō zhǒng zhí wù dòng wù wēi shēng wù zǔ chéng de shēng tài xì tǒng
由多种植物、动物、微生物组成的生态系统
de shēng mìng bù fen jiù shì shēng wù qún luò ér shēng wù qún luò zhōng quán
的生命部分就是生物群落。而生物群落中全
bù zhí wù de zǒng tǐ chēng wéi zhí wù qún luò yī ge zhí wù
部植物的总体称为植物群落。一个植物
qún luò wǎngwǎng shì yóu duō zhǒng zhí wù zǔ chéng de lì
群落往往是由多种植物组成的。例
rú yuán shǐ sēn lín li bù jǐn shēng zhǎng zhe tái xiǎn zhí wù
如，原始森林里不仅生长着苔藓植物、
jué lèi zhí wù hái shēng zhǎng zhe zhǒng lèi fán duō de xiǎn
蕨类植物，还生长着种类繁多的显
huā zhí wù tā men gòng tóng zǔ chéng le yuán shǐ sēn lín de
花植物，它们共同组成了原始森林的
zhí wù qún luò
植物群落。

### 魔法揭秘

dì qiú shang yǒu duō zhǒng duō yàng de zhí wù
地球上有多种多样的植物
qún luò rú lù dì shang yǒu kuò yè lín qún luò rè
群落，如陆地上有阔叶林群落、热
dài yǔ lín qún luò wēn dài cǎo yuán qún luò děng
带雨林群落、温带草原群落等。

草原上的植物群落

shì shuí zài piān piān qǐ wǔ

# 是谁在翩翩起舞

zhí wù de yùn dòng zhī mí

## 植物的运动之谜

### 自然魔法书

zài zhí wù wáng guó
在植物王国
li yǒu yī zhǒng shén qí
里，有一种神奇
de tiào wǔ cǎo bái tiān
的跳舞草，白天，
tā de yè piàn shí ér zuǒ yòu
它的叶片时而左右
bǎi dòng shí ér xiàng shàng
摆动，时而向上
juǎn qū jiù xiàng wǔ dǎo jiā suí
卷曲，就像舞蹈家随
zhe yīn yuè piān piān qǐ wǔ yī yàng
着音乐翩翩起舞一样。
dào le wǎn shang suǒ yǒu yè piàn dōu
到了晚上，所有叶片都
dī chuí xià lái hǎo xiàng jìn rù le
低垂下来，好像进入了
mèng xiāng
梦乡。

### 植物的运动

zhí wù suī rán bù néng xiàng dòng wù nà yàng kě yǐ zhěng tǐ
植物虽然不能像动物那样可以整体
yí dòng dàn zhí wù tǐ de mǒu xiē bù fen què kě yǐ jìn xíng yùn
移动，但植物体的某些部分却可以进行运
dòng zhí wù xì bāo de yùn dòng shì ròu yǎn kàn bù dào de zhí
动。植物细胞的运动是肉眼看不到的。植
wù de yùn dòng xiàn xiàng hěn pǔ biàn yùn dòng fāng shì yě yǒu hěn
物的运动现象很普遍，运动方式也有很
duō zhǒng rú juǎn xū de yùn dòng yè hé huā de kāi bì yùn dòng
多种，如卷须的运动、叶和花的开闭运动
děng tiào wǔ cǎo de wǔ dǎo yě shì yī zhǒng yùn dòng fāng shì
等，跳舞草的舞蹈也是一种运动方式。

**含羞草的运动**

含羞草是一种夜间合叶睡眠的植物。在白天受到触摸时，它的叶片也会闭合。另外，强光或加热也会使叶片闭合。

平时叶片张开时，叶柄下侧的细胞是膨胀的，这使叶和茎保持在正常位置上。

被触摸或光线变化致使叶柄上侧细胞膨胀，这使叶片连同叶柄低垂下来。

**郁金香的开闭运动**

很多植物的花都会因为昼夜变化而产生开闭运动。有些花的生长运动会感应温度的变化，例如郁金香的开闭运动。

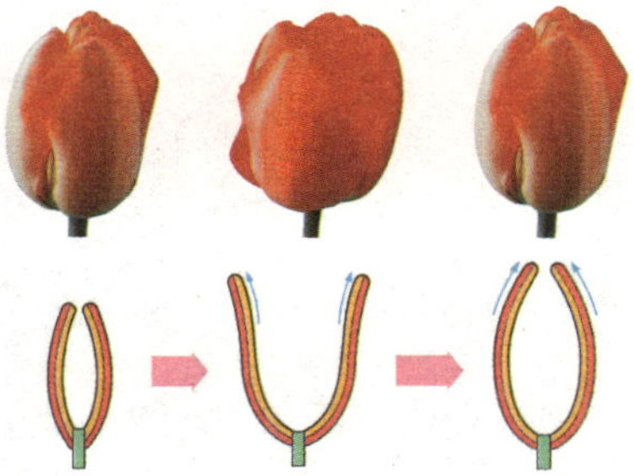

15℃ 花朵合起。 20℃～25℃ 花开。 15℃ 花朵合起。

## 植物运动与外界环境

zhí wù zài shēng zhǎng guò chéng zhōng rú guǒ shòu dào dì
植物在生长过程中如果受到地
xīn yǐn lì guāng xiàn huà xué wù zhì rú shēng zhǎng sù
心引力、光线、化学物质（如生长素）
děng yīn sù de yǐng xiǎng qí nèi bù jié gòu jiù huì duì zhè xiē
等因素的影响，其内部结构就会对这些
wài jiè huán jìng fā shēng gǎn yìng zhè zhǒng gǎn yìng guò chéng jiù
外界环境发生感应，这种感应过程就
biǎo xiàn wéi zhí wù de yùn dòng zài cháng qī de huán jìng zuò
表现为植物的运动。在长期的环境作
yòng xià bù tóng de zhí wù yǎng chéng le bù tóng de yùn dòng
用下，不同的植物“养”成了不同的运动
xí guàn zhè xiē yùn dòng xí guàn yī bān yǒu yì yú
“习惯”。这些运动“习惯”一般有益于
zhí wù zì shēn de shēng zhǎng hé fā yù
植物自身的生长和发育。

## 魔法揭秘

bù tóng zhí wù zài shēng zhǎng guò chéng zhōng suǒ
不同植物在生长过程中所
biǎo xiàn de yùn dòng fāng shì yě bù tóng tiào wǔ cǎo
表现的运动方式也不同。跳舞草
yǐ tiào wǔ de fāng shì shēng zhǎng tā de piān piān wǔ
以跳舞的方式生长，它的翩翩舞
zī jiù shì tā men shēng zhǎng yùn dòng de biǎo xiàn
姿就是它们生长运动的表现。

跳舞草

卷须的运动

shén qí de qǐ sǐ huí shēng shù
# 神奇的起死回生术

zhí wù shēng zhǎng de ào mì
## 植物生长的奥秘

### 自然魔法书

zài rén yān xī shǎo
在人烟稀少
de huāng shān yě lǐng shēng
的荒山野岭，生
yǒu yī zhǒng qí tè de zhí
有一种奇特的植
wù rén men jiào tā huán hún
物，人们叫它“还魂
cǎo gān hàn shí tā de zhī
草”。干旱时，它的枝
yè juǎn suō qǐ lái bǐ qiū tiān de
叶卷缩起来，比秋天的
yě cǎo gèng jiā kū wěi jiù xiàng
野草更加枯萎，就像
sǐ diào le yī yàng rán ér yī
死掉了一样。然而，一
dàn dé dào yǔ shuǐ huán hún cǎo
旦得到雨水，“还魂草”
jiù néng xùn sù xī shuǐ lì kè sū
就能迅速吸水，立刻“苏
xǐng guò lái duō me qiǎo miào de qǐ
醒”过来。多么巧妙的起
sǐ huí shēng shù a
死回生术啊！

### 抗旱策略

shēng zhǎng zài gān zào dì qū de zhí wù yè piàn
生长在干燥地区的植物，叶片
dōu yǒu tè shū de gòu zào yǐ jiàng dī shuǐ fèn de sàn shī
都有特殊的构造，以降低水分的散失。
lì rú zǐ luó lán yè piàn shang xì xiǎo de róng máo kě
例如：紫罗兰叶片上细小的绒毛，可
jiǎn shǎo kōng qì de liú tōng yǐ miǎn sǔn shī guò duō de shuǐ
减少空气的流通，以免损失过多的水
fèn xiān rén zhǎng de yè piàn tuì huà chéng jiān cì wán
分；仙人掌的叶片退化成尖刺，完
quán méi yǒu qì kǒng jiè cǐ jǐn liàng jiǎn shǎo shuǐ fèn de
全没有气孔，藉此尽量减少水分的
zhēng fā róng shù hé lán huā zé lì yòng lù chū ní tǔ de
蒸发；榕树和兰花则利用露出泥土的
qì gēn xī shōu kōng qì zhōng de shuǐ fèn yǐ miǎn yīn quē shuǐ
气根吸收空气中的水分，以免因缺水
ér sǐ wáng
而死亡。

## 耐寒本领

zài tiān hán dì dòng de dōng tiān lái lín zhī qián dà duō shù zhí
在天寒地冻的冬天来临之前，大多数植
wù dōu tíng zhǐ shēng zhǎng kāi shǐ wèi yuè dōng zuò zhǔn bèi máng zhe
物都停止生长，开始为越冬做准备，忙着
luò yè rán ér yǒu de shù mù zài dōng jì yě shì lǜ yì àng rán
落叶。然而有的树木，在冬季也是绿意盎然，
tā men bèi chēng wéi cháng lǜ shù cháng lǜ shù bù luò yè shì yīn
它们被称为“常绿树”。常绿树不落叶是因
wèi tā men de yè hěn hòu ér qiě yòu yǒu yìng pí bǎo hù zhe yè
为它们的叶很厚，而且又有硬皮保护着，叶
nèi de shuǐ fèn bù yì zhēng fā qiě hái kě fáng hán
内的水分不易蒸发，且还可防寒。

气温转凉后，植物的生理循环变迟缓，茎中的养分运输变得不通畅，一些糖分滞留在叶片中，产生花青素，于是红色便在叶片上显现出来了。

冬天气温太低，树根没有力气把营养供应给茎、叶等其他部分，于是叶片脱落，并在脱落的地方形成一层厚壁，保护茎。

## 魔法揭秘

yuán lái zhè zhǒng kàn sì shén qí de qǐ sǐ huí shēng shù zhǐ bù
原来，这种看似神奇的起死回生术只不
guò shì zhí wù shì yìng huán jìng de dú tè jié gòu zài fā huī zuò yòng ér yǐ
过是植物适应环境的独特结构在发挥作用而已。

水生的芦苇的茎很硬，可以支持它立于水面之上；叶长而阔，适宜于快速散发水分。

cháng shēng bù lǎo de chuán qí
# 长生不老的传奇

zhí wù zhǒng zi de shòu mìng
## 植物种子的寿命

### 自然魔法书

xǔ duō nián qián kē xué jiā zài ní tán zhōng fā jué dào le shòu mìng cháng dá duō nián de gǔ lián zǐ gèng lìng rén chī jīng de shì zhè kē gǔ lián zǐ jìng rán zài rén gōng péi yù xià fā yá kāi huā le nán dào mǒu xiē zhí wù de zhǒng zi yǒu cháng shēng bù lǎo de běn lǐng ma

许多年前，科学家在泥潭中发掘到了寿命长达1000多年的古莲子。更令人吃惊的是，这颗古莲子竟然在人工培育下发芽开花了。难道某些植物的种子有长生不老的本领吗？

### 种子的结构

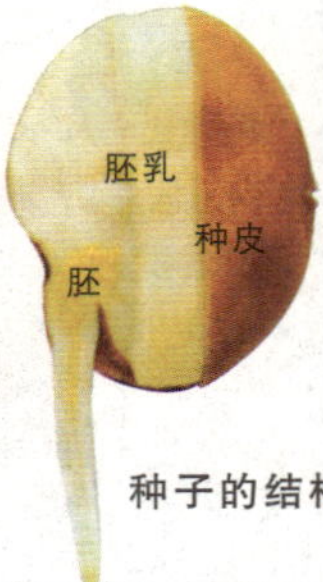

种子的结构

hěn duō zhí wù dōu shì kào zhǒng zi lái fán zhí de zhǒng zi yóu luǎn shòu jīng shēng chéng yī bān zhí wù de zhǒng zi yóu zhǒng pí pēi hé pēi rǔ sān bù fen gòu chéng zhǒng pí shì zhǒng zi de wài ké zhǔ yào qǐ bǎo hù pēi hé pēi rǔ de zuò yòng fā yù wán quán de pēi yóu pēi yá pēi zhóu zǐ yè hé pēi gēn gòu chéng tā shì chéng zhǎng de zhí wù tǐ de chú xíng pēi rǔ yòng lái bǎo hù pēi bìng wèi pēi de shēng zhǎng tí gōng yǎng fèn shǎo shù zhí wù de zhǒng zi yóu pēi hé pēi rǔ zǔ chéng

很多植物都是靠种子来繁殖的。种子由卵受精生成。一般植物的种子由种皮、胚和胚乳三部分构成。种皮是种子的外壳，主要起保护胚和胚乳的作用。发育完全的胚由胚芽、胚轴、子叶和胚根构成，它是成长的植物体的雏形。胚乳用来保护胚，并为胚的生长提供养分。少数植物的种子由胚和胚乳组成。

栗子坚硬的外壳能够保护里面的种子。

## 种子的寿命

zhǒng zi de shòu mìng shì zhǐ zhǒng zi cóng wán quán
种子的寿命是指种子从完全
chéng shú dào sàng shī fā yá néng lì suǒ jīng lì de qī xiàn
成熟到丧失发芽能力所经历的期限。
zhí wù xué jiā pǔ biàn rèn wéi zhí wù zhǒng zi shòu mìng shì
植物学家普遍认为，植物种子寿命是
yóu zhí wù de yí chuán tè xìng hé shēng zhǎng huán jìng gòng
由植物的遗传特性和生长环境共
tóng jué dìng de suǒ yǐ
同决定的，所以
bù tóng zhí wù zhǒng zi de shòu mìng cún zài zhe qū bié tóng zhǒng zhí wù de
不同植物种子的寿命存在着区别，同种植物的
zhǒng zi de shòu mìng zài bù tóng de shēng zhǎng huán jìng xià yě yǒu cháng duǎn
种子的寿命在不同的生长环境下也有长短
zhī fēn lì rú gān zào quē shuǐ de shēng zhǎng huán jìng huì suō duǎn zhǒng zi
之分，例如干燥、缺水的生长环境会缩短种子
de shòu mìng rú guǒ yǎng fèn bù zú zhǒng zi de shòu mìng yě huì
的寿命，如果养分不足，种子的寿命也会
suō duǎn
缩短。

百年老柳树

1000多年前的古莲子竟然发芽，长出了一池荷叶。

## 魔法揭秘

kē xué jiā jīng guò shí yàn zhèng míng dī wēn dī shī hēi àn yǐ jí jiàng dī
科学家经过实验证明，低温、低湿、黑暗以及降低
kōng qì zhōng de hán yǎng liàng dōu kě yǐ yǒu xiào de zhù cáng zhǒng zi cóng ér
空气中的含氧量都可以有效地贮藏种子，从而
yán cháng zhǒng zi de shòu mìng gǔ lián zǐ cháng qī chǔ yú ní tán
延长种子的寿命。古莲子长期处于泥潭
zhōng zhè zhǒng hēi àn dī wēn de huán jìng zì rán jiù yǒu lì yú yán
中，这种黑暗、低温的环境自然就有利于延
cháng tā men de shòu mìng le
长它们的寿命了。

qiǎo miào de fáng shēn shù
# 巧妙的“防身术”

zhí wù de zì wǒ bǎo hù bàn fǎ
## 植物的自我保护办法

### 自然魔法书

zài gān hàn dì qū
在干旱地区
shēng zhǎng zhe yī zhǒng shí
生长着一种石
tou huā měi dào fán zhí jì
头花，每到繁殖季
jié tā de liǎng piàn yè zi
节，它的两片叶子
zhī jiān jiù huì kāi chū yī duǒ
之间就会开出一朵
dà huā ér qiě zhǐ kāi yī xià wǔ
大花，而且只开一下午。
bù guò zhè zhǒng zhí wù kě bù
不过，这种植物可不
nà me hǎo zhǎo ō yīn wèi tā de yè
那么好找哦，因为它的叶
zi hé shí tou zhǎng de shí zài tài xiàng
子和石头长得实在太像
le rèn shuí dōu hěn nán jiāng tā men
了，任谁都很难将它们
fēn qīng chu ne
分清楚呢！

### 生存的选择

全身长满小刺的菠萝。

zài miàn lín wēi xiǎn shí duǒ bì dí
在面临危险时，躲避敌
rén shì zuì hǎo de zì wǒ bǎo hù fāng fǎ
人是最好的自我保护方法，
dàn shì zhí wù què bù néng táo pǎo yīn wèi
但是植物却不能逃跑，因为
tā de gēn zhǎng zài tǔ li suǒ yǐ zhǐ
它的根长在土里，所以只
néng xiǎng qí tā de bàn fǎ le yǒu xiē
能想其他的办法了。有些
zhí wù wèi le bì miǎn bèi shí cǎo dòng wù tūn shí huì shè fǎ
植物为了避免被食草动物吞食，会设法
zhǎng de gāo dà yī xiē ér méi bàn fǎ zhǎng de hěn gāo de zhí
长得高大一些，而没办法长得很高的植
wù zé zhú jiàn jìn huà shēng chéng le fáng shēn wǔ qì zài
物则逐渐进化生成了“防身武器”，在
zāo dào xí jī shí néng jìn xíng yǒu lì de huí jī
遭到袭击时能进行有力的回击。

## 植物的“防身术”

wèi le shēng cún zhí wù liàn jiù le gè zhǒng gè yàng de fáng
为了生存，植物练就了各种各样的“防
shēn shù zuì jiǎn dān de fáng shēn shù jiù shì wěi zhuāng ér
身术”。最简单的“防身术”就是伪装，而
bǐ jiào lì hai de fáng shēn shù zé shì yòng dú sù gōng jī dí
比较厉害的“防身术”则是用毒素攻击敌
rén lì rú qián má biǎo miàn jiān jiān
人。例如，荨麻表面尖尖
de máo jiù shì lì hai de fáng shēn wǔ
的毛就是厉害的“防身武
qì dāng dòng wù pèng chù qián má
器”。当动物碰触荨麻
shí zhè zhǒng máo jiù huì cì chuān dòng wù de pí fū bìng xiàng lǐ miàn pēn
时，这种毛就会刺穿动物的皮肤并向里面喷
shè dú sù shǐ dòng wù téng tòng wàn fēn
射毒素，使动物疼痛万分。

“石头花”的外形与石头非常像，不亲手触摸，很难相信这些“石头”是一棵棵植物。

美丽的月季花在花茎上长满了尖尖的刺，那是它的“防身武器”。

仙人掌的“防身武器”也是这些毛茸茸的尖刺。

## 魔法揭秘

yuán lái bǎ zì jǐ wěi zhuāng chéng yī kuài shí tou shì shí tou huā tè yǒu de
原来，把自己伪装成一块“石头”是石头花特有的
fáng shēn shù ne qí shí zhí wù de gè zhǒng fáng shēn shù dōu shì tā men zài
防身术呢。其实，植物的各种“防身术”都是它们在
cháng qī de huán jìng zhōng wèi le yìng duì wēi xiǎn ér cǎi qǔ de yī zhǒng huí jī
长期的环境中为了应对危险而采取的一种“回击”。

yōu xiù de huán jìng yù jǐng yuán
# 优秀的环境预警员

zhí wù jiān cè huán jìng zhī mí
## 植物监测环境之谜

### 自然魔法书

huàgōngchǎng fù jìn
化工厂附近
zhòng zhí le xǔ duō xuě
种植了许多雪
sōng tā men cháng nián bì
松，它们常年碧
lǜ shù zī yōu měi shēn
绿、树姿优美，深
shòu rénmen de xǐ ài kě
受人们的喜爱。可
shì zuì jìn bù zhī wèi shén me zhè
是最近不知为什么，这
xiē xuě sōng quán dōu dé bìng le
些雪松全都得病了，
tā men cuì lǜ kě rén de yè zi
它们翠绿可人的叶子
kāi shǐ fā huáng biàn de kū jiāo
开始发黄，变得枯焦。
zhè shì zěn me huí shì ne
这是怎么回事呢？

### 环境监测护卫队

zhí wù jiā zú zhōng de xǔ duō chéng yuán bù jǐn nénggòu
植物家族中的许多成员不仅能够
měi huà huánjìng ér qiě jù yǒu jiān cè dà qì wū rǎn zhuàng
美化环境，而且具有监测大气污染状
kuàng de néng lì tā men zǔ chéng le yī zhī bǎo hù rén lèi
况的能力，它们组成了一支保护人类
jiànkāng de hù wèi duì lì rú huā mù xu hú luó bo
健康的护卫队。例如，花苜蓿、胡萝卜、
bō cài kě yǐ jiān cè èr yǎng huà liú wū rǎn yù jīn xiāng
菠菜可以监测二氧化硫污染；郁金香、
xìng méi pú táo kě yǐ jiān cè fú wū rǎn píngguǒ táo
杏、梅、葡萄可以监测氟污染；苹果、桃、
yù mǐ yángcōng kě yǐ jiān cè lǜ wū rǎn děngděng yī
玉米、洋葱可以监测氯污染，等等。一
dàn dà qì zhōng zhè xiē qì tǐ de hánliàngchāobiāo xiāngyìng
旦大气中这些气体的含量超标，相应
de zhí wù yù jǐngyuán jiù huì lì kè xiàngrén men fā chū jǐng gào
的植物预警员就会立刻向人们发出警告。

雪松对二氧化硫比较敏感，能够帮助人们监测大气中二氧化硫的含量。

## 植物预警的方式

大多数植物预警员都是采取“叶片”预警的方式。例如，菖兰对氟的反应特别敏感。空气中只要含有那么一丁点儿氟，它的叶片边缘和尖端就会出现淡棕黄色的带状伤斑，而且受害组织与正常组织之间有一条明显的界线。玉米对氯气很敏感，当空气中氯气含量超标时，它的叶片就会枯黄。当然，不同的植物对于不同的气体污染所表现出的“症状”的形态和位置也不一样。

工厂每天都要向大气中排放废气，一旦大气中废气含量超标，植物“监测员”就会及时向人们发出警报。

苹果树能帮助人们监测大气中氟的污染状况。

### 魔法揭秘

看来，雪松得病是因为化工厂周围的大气受到了严重的污染，所以雪松就以针叶变黄的症状向人们发出了警告。

污染的环境会危及植物的生存

yǔ shēng jù lái de chāo néng lì
# 与生俱来的超能力

zhí wù yù zhī zhī mí
## 植物预知之谜

### 自然魔法书

yī bān qíng kuàng
一般情况
xià hán xiū cǎo de yè zi
下，含羞草的叶子
dōu shì bái tiān dǎ kāi yè
都是白天打开，夜
wǎn bì hé dàn shì rú guǒ
晚闭合。但是如果
tā yī fǎn cháng guī bái tiān
它一反常规，白天
bì hé wǎn shang shū zhǎn nà
闭合，晚上舒展，那
me dà zì rán jiù yào fā shēng yì
么大自然就要发生异
cháng le yě xǔ shì léi yǔ tái fēng
常了，也许是雷雨、台风
yào lái yě xǔ shì dì zhèn huǒ shān
要来，也许是地震、火山
jí jiāng bào fā le
即将爆发了。

### 树木预知地震

kē xué jiā men guān chá dào dì zhèn fā shēng qián
科学家们观察到，地震发生前，
xǔ duō zhí wù de shēng wù diàn wèi dōu huì fā shēng biàn huà
许多植物的生物电位都会发生变化。
nián yuè rì rì běn qiū tián fā shēng jí dì
1983年5月26日，日本秋田发生7.6级地
zhèn zhèn qián xiǎo shí zuǒ yòu rì běn guān cè diǎn shang
震。震前20小时左右，日本观测点上
de hé huān shù shēng wù diàn wèi kāi shǐ jī liè de shàng xià
的合欢树生物电位开始激烈地上下
bō dòng zhèn qián xiǎo shí yòu píng jìng xià lái zhèn qián
波动；震前10小时，又平静下来；震前
xiǎo shí zài cì yì cháng dì zhèn zhī hòu yì cháng xiāo
6小时，再次异常。地震之后，异常消
shī chú le hé huān shù hái yǒu yī xiē zhí wù zài dì
失。除了合欢树，还有一些植物在地
zhèn qián chǎn shēng le tóng yàng
震前产生了同样
de shēng wù diàn wèi de
的生物电位的
biàn huà
变化。

当环境发生某种变化时，有些植物就会提前开花。

## 植物预知天气

有些植物还能预知天气的晴雨变化。广西忻城有一棵150多岁的青冈树，人们可以根据它叶子的颜色变化获知天气情况。一般在晴天，树叶呈深绿色；天将下雨时，树叶变成红色；雨后转晴，树叶又变成深绿色。有一种叫做踌躇花的植物，如果花盛开，第二天准是大晴天；如果花显得“没精打采”，那么第二天很可能是坏天气。

植物能够预知“天灾”。

有些植物通过叶子颜色的变化来预报天气变化。

当外界环境发生变化时，植物会先于人类敏锐地察觉到这种变化。

## 魔法揭秘

植物的生存一般离不开阳光、空气和土壤，这些要素一旦发生变化，就有可能危及植物的生存，所以植物能够比人类预先感受到这些变化，并对这些变化做出反应。

zhēn zhèng de lǜ sè kōng tiáo

# 真正的绿色空调

sēn lín dōng nuǎn xià liáng zhī mí

## 森林冬暖夏凉之谜

### 自然魔法书

yán rè de xià tiān
炎热的夏天，
wǒ men zhàn zài dà shù
我们站在大树
xià huì jué de hěn liáng
下会觉得很凉
shuǎng rú guǒ zǒu jìn dà sēn
爽，如果走进大森
lín zé gèng jiā qīng liáng rán
林，则更加清凉。然
ér dào le dōng tiān wài miàn hán
而到了冬天，外面寒
fēng lǐn lǐn lěng de lìng rén fā dǒu
风凛凛，冷得令人发抖，
sēn lín li què bǐ jiào nuǎn huo
森林里却比较暖和。
sēn lín jiù xiàng yī ge jù dà de lǜ
森林就像一个巨大的绿
sè kōng tiáo néng gòu zì dòng de tiáo jié
色空调，能够自动地调节
wēn dù ne
温度呢。

### 森林夏凉的奥秘

xià tiān yáng guāng qiáng liè sēn lín jìn xíng guāng hé zuò
夏天，阳光强烈，森林进行光合作
yòng shí huì xī shōu dà liàng de tài yáng guāng néng tóng shí jìn xíng
用时会吸收大量的太阳光能，同时进行
zhēng téng zuò yòng yòu jiāng tài yáng néng yǐ shuǐ zhēng qì de xíng
蒸腾作用，又将太阳能以水蒸气的形
shì sàn fā chū lái shuǐ zhēng qì zhēng fā huì dài zǒu zhōu wéi
式散发出来，水蒸气蒸发会带走周围
huán jìng de dà bù fen rè liàng zēng jiā kōng qì shī dù lìng wài
环境的大部分热量，增加空气湿度。另外，
xià tiān shù mù zhī yè mào mì yáng guāng bù yì zhí jiē zhào
夏天树木枝叶茂密，阳光不易直接照
shè dào sēn lín li shù de biǎo miàn hái néng fǎn shè yī bù fen
射到森林里，树的表面还能反射一部分
guāng xiàn zhè xiē yīn sù gòng tóng cù shǐ xià rì de sēn lín
光线，这些因素共同促使夏日的森林
lǐ kōng qì qīng liáng
里空气清凉。

森林里一派郁郁葱葱的景象。

**冬天的森林**
冬天，树木的枝干光秃秃的，阳光可以直接照射到森林里。

**夏天的森林**
夏天，森林里郁郁葱葱的树木不断释放出大量的水汽，密密层层的枝叶挡住火辣辣的阳光，使得森林里清凉宜人。

## 森林冬暖的奥秘

空气中二氧化碳浓度增加，会产生温室效应（地球表面变热的现象）。冬天，森林进行光合作用的速率降低，吸收二氧化碳的数量减少，所以森林中的气温要比外面高。同时，冬天森林进行蒸腾作用的速率也大大降低，有些植物甚至处于休眠状态，所以水蒸气蒸发吸收的热量便减少了很多。植物为了减少消耗，许多叶子都脱落了，只剩下树干和枝条，这样植物的反光作用减弱了，阳光可以直射进森林里面，增加森林的温度。

## 魔法揭秘

森林冬暖夏凉，对气候有着重要的调节作用，而这一切都要归功于森林里的植物。森林植物在夏天和冬天呈现出不同的形态，进行蒸腾作用和光合作用的速率也不一样，就导致了森林里各个季节温度的差异。

森林是巨大的绿色空调。

wéi zhe tài yáng dǎ zhuànr
# 围着太阳打转儿

zhí wù de xiàng guāng xìng
## 植物的向光性

### 自然魔法书

huā ér shēng zhǎng
花儿生长
xiàng tài yáng cóng qīng chén
向太阳。从清晨
dào huáng hūn xiàng rì kuí de
到黄昏，向日葵的
huā pán jiù zǒng shì wéi zhe tài
花盘就总是围着太
yáng dǎ zhuànr rú guǒ
阳打转儿。如果
bǎ yī pén pǔ tōng de huā fàng
把一盆普通的花放
zài chuāng tái shang tā de zhī tiáo
在窗台上，它的枝条
hé yè zi yě zǒng shì xiàng zhe tài
和叶子也总是向着太
yáng de fāng xiàng shēng zhǎng zhè shì
阳的方向生长。这是
zěn me huí shì ne
怎么回事呢？

### 向光性

向光性使植物的茎、叶倾向阳光生长。

xiàng xìng yùn dòng jiù
向性运动就
shì zhí wù tǐ yīn yī dìng fāng
是植物体因一定方
xiàng de wài jiè cì jī ér yǐn qǐ de jú
向的外界刺激而引起的局
bù yùn dòng xiàng xìng yùn dòng dà duō wéi
部运动。向性运动大多为
shēng zhǎng xìng yùn dòng shì bù kě nì de yùn dòng guò chéng
生长性运动，是不可逆的运动过程，
zhí wù de xiàng guāng xìng jiù shì yī zhǒng xiàng xìng yùn dòng
植物的向光性就是一种向性运动。
zhí wù zhī suǒ yǐ huì chǎn shēng xiàng xìng yùn dòng zhǔ yào
植物之所以会产生向性运动，主要
shì shēng zhǎng sù zuò yòng de jié guǒ xiàng guāng xìng shǐ
是生长素作用的结果。向光性使
zhí wù de jīng yè chǔ yú zuì shì yí lì yòng guāng néng de
植物的茎、叶处于最适宜利用光能的
wèi zhì zhè yǒu lì yú zhí wù jiē shòu chōng zú de yáng guāng
位置，这有利于植物接受充足的阳光
ér jìn xíng guāng hé zuò yòng
而进行光合作用。

## 生长素

shēng zhǎng sù néng cù jìn zhí wù de shēng zhǎng fā yù zhǔ yào chǎn
生长素能促进植物的生长发育，主要产
shēng yú zhí wù shēng zhǎng xùn sù de bù wèi rú yá nèn yè hé fā yù
生于植物生长迅速的部位，如芽、嫩叶和发育
zhōng de zhǒng zi děng bù wèi shēng zhǎng sù zài zhí wù tǐ nèi zhǔ yào shì cóng shàng
中的种子等部位。生长素在植物体内主要是从上
xiàng xià yùn shū de dǐng yá chǎn shēng de shēng zhǎng sù huì bù duàn de xiàng xià yùn shū
向下运输的，顶芽产生的生长素会不断地向下运输
dào cè yá shēng zhǎng sù yī bān dōu huì cù jìn zhí wù de shēng zhǎng dàn shì zài
到侧芽。生长素一般都会促进植物的生长，但是在
nóng dù dà de shí hou yě huì
浓度大的时候也会
yì zhì zhí wù de shēng zhǎng
抑制植物的生长，
shèn zhì shǐ zhí wù sǐ wáng
甚至使植物死亡。
yuán yì gōng zuò zhě jīng cháng
园艺工作者经常
lì yòng zhè ge tè diǎn lái shè
利用这个特点来设
jì xiū zhěng yuán lín
计修整园林。

向光生长的紫色醡浆草

玉米的茎一直向着阳光往上生长。

向日葵向阳生长，田地里一派盎然生机。

## 魔法揭秘

kàn lái zhí wù xiàng guāng shēng zhǎng shì wèi le shǐ zì shēn néng
看来，植物向光生长是为了使自身能
gòu gèng hǎo de shēng zhǎng fā yù xiàng guāng shēng zhǎng shì zhí wù pǔ biàn de shēng zhǎng xiàn
够更好地生长发育。向光生长是植物普遍的生长现
xiàng xiàng rì kuí wéi zhe tài yáng dǎ zhuànr de ào mì jiù zài yú cǐ le
象，向日葵围着太阳打转儿的奥秘就在于此了。

mĕi lì de xiàn jǐng

# 美丽的陷阱

shí ròu zhí wù de mì mì

## 食肉植物的秘密

### 自然魔法书

zài ào zhōu cháo shī
在澳洲潮湿
de sēn lín zhōng shēng zhǎng
的森林中，生长
zhe yī zhǒng zhū lóng cǎo
着一种猪笼草。
tā de yè zi xiàng ge xiǎo
它的叶子像个小
xiǎo de huā píng zhè ge huā
小的花瓶，这个“花
píng li sàn fā zhe yòu rén de xiāng
瓶”里散发着诱人的香
wèi dàn dāng mì fēng tíng kào zài
味。但当蜜蜂停靠在
píng kǒu shang zhǔn bèi cǎi mì
“瓶口”上准备采蜜
shí què huì yī xià zǐ diē rù píng
时，却会一下子跌入“瓶”
zhōng chéng le zhū lóng cǎo de mĕi cān
中，成了猪笼草的美餐。

### 食肉植物

zhí wù yī bān dōu shì zì yǎng shēng wù tā men yī
植物一般都是自养生物，它们依
kào guāng hé zuò yòng zhì zào yǒu jī yíng yǎng wù zhì rán ér
靠光合作用制造有机营养物质。然而
zì rán jiè zhōng què yǒu duō zhǒng chī dòng wù de zhí
自然界中却有500多种吃动物的植
wù tā men kào bǔ shí jì shēng chóng kūn chóng hé qí tā
物，它们靠捕食寄生虫、昆虫和其他
dòng wù wéi shēng wǒ men chēng zhè yàng de zhí wù wéi shí ròu
动物为生，我们称这样的植物为食肉
zhí wù shí ròu zhí wù duō shù shēng zhǎng zài ní táng zhǎo
植物。食肉植物多数生长在泥塘、沼
zé jí fù jìn de cháo shī tǔ dì shang tā men jì shì zì yǎng
泽及附近的潮湿土地上，它们既是自养
xíng shēng wù yòu shì yì yǎng xíng shēng wù cháng jiàn de
型生物，又是异养型生物。常见的
shí ròu zhí wù yǒu máo zhān
食肉植物有毛毡
tái máo gāo cài zhū lóng
苔、茅膏菜、猪笼
cǎo píng zi cǎo bǔ
草、瓶子草、捕
chóng jǐn hé lí zǎo dĕng
虫堇和狸藻等。

美丽精巧的瓶子草

**毛毡苔的捕虫过程**

叶上的黏液除了能粘住昆虫之外，还具有分解昆虫身体的功能。

一只苍蝇由于沾到了叶尖上的黏液，被粘住而无法动弹了。

叶片开始卷曲，将苍蝇身体包起来。（约1小时后）

叶片将苍蝇完全包住。黏液渗入苍蝇体内，开始分解苍蝇的身体。（约5小时后）

苍蝇被完全分解。叶上的腺毛将分解后的养分完全吸收。（约10小时后）

## 营养需求

suǒ yǒu shēng wù de shēng cún dōu
所有生物的生存都
lí bù kāi yī xì liè de yíng yǎng wù zhì
离不开一系列的营养物质。
shí ròu zhí wù yī bān shēng zhǎng zài fù
食肉植物一般生长在富
hán shuǐ fèn de zhǎo zé dì dài nà lǐ de
含水分的沼泽地带，那里的
tǔ rǎng hěn nán wèi tā men tí gōng shēng
土壤很难为它们提供生
cún bì xū de dàn wù zhì yú shì tā
存必需的氮物质，于是它
men tōng guò xiāo huà zì jǐ bǔ zhuō de kūn
们通过消化自己捕捉的昆
chóng hé qí tā xiǎodòng wù tǐ nèi de dàn
虫和其他小动物体内的蛋
bái zhì lái mǎn zú duì dàn wù zhì de xū
白质来满足对氮物质的需
qiú dàn rú guǒ tǔ rǎng zhōng de dàn wù
求。但如果土壤中的氮物
zhì néng mǎn zú tā men de xū qiú shí
质能满足它们的需求时，
xǔ duō shí ròu zhí wù yě huì zàn shí fàng
许多食肉植物也会暂时放
qì bǔ shí kūn chóng
弃捕食昆虫。

**猪笼草的捕虫过程**

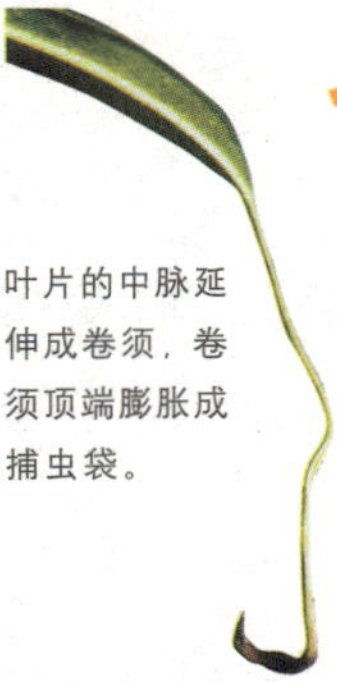

叶片的中脉延伸成卷须，卷须顶端膨胀成捕虫袋。

猪笼草的囊袋上有盖，用来抵挡强暴雨。袋里有富含消化酶的水。

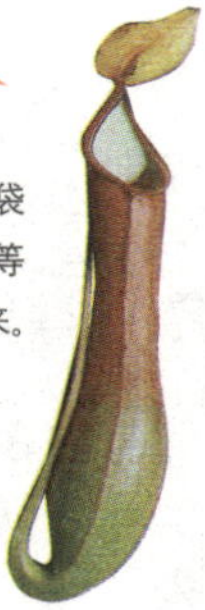

猪笼草将囊袋上盖打开，等待猎物的到来。

被色彩和蜜汁吸引的昆虫落在袋口后，因口缘光滑站不稳而跌落袋内。昆虫一旦堕入陷阱，就直落瓶底，然后被消化液消化吸收。

一只苍蝇落入了捕蝇草美丽的陷阱。

## 魔法揭秘

wèi le shì yìng shēng cún huán jìng zhū lóng cǎo de yè zi
为了适应生存环境，猪笼草的叶子
jiù jìn huà chéng le bǔ chóng qì tā nà qiǎo miào de bǔ chóng
就进化成了“捕虫器”，它那巧妙的捕虫
yè shǐ xǔ duō kūn chóng nán táo qí měi lì de xiàn jǐng
叶使许多昆虫难逃其美丽的陷阱。

hǎo lín jū yǔ huài lín jū
# 好邻居与坏邻居

zhí wù de xiāng shēng xiāng kè zhī mí
## 植物的相生相克之谜

### 自然魔法书

zì rán jiè zhōng hěn
自然界中，很
duō zhí wù dōu xī wàng néng
多植物都希望能
zé lín ér jū yīn wèi yǔ
择邻而居，因为与
yǒu xiē zhí wù zuò lín jū kě
有些植物做邻居可
yǐ shǐ zì jǐ shēng zhǎng de
以使自己生长得
gèng hǎo rán ér yǔ lìng yī xiē zhí
更好，然而与另一些植
wù zuò lín jū zé huì wēi jí zì
物做邻居则会危及自
jǐ de shēng cún nán dào zhí wù
己的生存。难道植物
zhī jiān yě cún zài xiāng shēng xiāng
之间也存在相生相
kè de guān xì ma
克的关系吗？

### 植物的相生现象

yǒu shí hou zhǎng zài yī qǐ de jǐ zhǒng zhí wù yóu yú
有时候，长在一起的几种植物由于
zhǒng lèi de bù tóng xí xìng hù bǔ yè piàn huò gēn xì de
种类的不同，习性互补，叶片或根系的
fēn mì wù kě hù wéi lì yòng cóng ér néng gèng hǎo de shēng
分泌物可互为利用，从而能更好地生
zhǎng tā men hù huì hù lì hé mù xiāng chǔ zhè jiù shì
长。它们互惠互利、和睦相处，这就是
zhí wù de xiāng shēng xiàn xiàng lì rú zài pú táo yuán li
植物的相生现象。例如，在葡萄园里
shì dàng zhòng zhí yī xiē zǐ luó lán zǐ luó lán fēn mì de fāng
适当种植一些紫罗兰，紫罗兰分泌的芳
xiāng qì wèi néng gòu tí gāo pú táo guǒ shí de pǐn zhì shǐ jiē
香气味能够提高葡萄果实的品质，使结
chū de pú táo xiāng wèi gèng jiā nóng yù rú guǒ bǎ bǎi hé
出的葡萄香味更加浓郁。如果把百合
hé méi gui zhòng yǎng huò shì píng chā zài yī qǐ tā men dōu
和玫瑰种养或是瓶插在一起，它们都
huì zhǎng de bǐ dān dú fàng zhì shí yào hǎo hěn duō
会长得比单独放置时要好很多。

百合和玫瑰是互惠互利的好朋友。

有些花可以做好邻居，相互促进生长；有些花则不能和平共处。

## 植物的相克现象

yǒu xiē zhí wù yóu yú zhǒng lèi bù tóng xí xìng gè yì
有些植物，由于种类不同，习性各异，
wèi le zhēng duó yíng yǎng kōng jiān tā men jiù huì cóng yè miàn huò
为了争夺营养空间，它们就会从叶面或
gēn xì fēn mì chū duì qí tā zhí wù yǒu shā shāng zuò yòng de yǒu dú
根系分泌出对其他植物有杀伤作用的有毒
wù zhì tā men jié chóu jié yuàn nán yǐ xiāng chǔ lì rú bǎ shèng kāi de
物质，它们结仇结怨、难以相处。例如，把盛开的
líng lán hé nù fàng de dīng xiāng fēn bié chā zài liǎng ge huā píng li rán hòu bǎ
铃兰和怒放的丁香分别插在两个花瓶里，然后把
zhè liǎng ge huā píng yī qǐ bǎi fàng zài yī ge tōng fēng bù tài hǎo de fáng jiān li
这两个花瓶一起摆放在一个通风不太好的房间里，
dīng xiāng hěn kuài jiù huì diāo xiè ér rú guǒ jiāng dīng xiāng huàn chéng shuǐ xiān huā
丁香很快就会凋谢。而如果将丁香换成水仙花，
líng lán hé shuǐ xiān huā jiù huì xiāng hù gōng jī zuì hòu shuāng shuāng tí qián kū wěi
铃兰和水仙花就会相互攻击，最后双双提前枯萎。

## 魔法揭秘

zhí wù de xiāng shēng hé xiāng kè dōu shì zhí wù
植物的相生和相克都是植物
zhī jiān duì yú gòng tóng de shēng cún huán jìng de shì
之间对于共同的生存环境的适
yìng xìng biǎo xiàn yuán yì gōng zuò zhě kě yǐ gēn jù
应性表现，园艺工作者可以根据
zhí wù de xiāng shēng yǔ xiāng kè yuán lǐ zāi péi huā huì
植物的相生与相克原理栽培花卉。

只有充分了解了各种花卉的习性以后，我们才能把它们养得更好。

# 睡觉的美人

shuì jiào de měi rén

## 自然魔法书

每到旭日东升时，水面上就会慢慢绽放一朵朵美丽的莲花，它们好似从睡梦中醒来一样。而当夕阳西下时，这些莲花又闭拢花瓣，似乎进入了甜蜜的梦乡。这就是睡觉的“美人”——睡莲。

## 植物睡眠之谜

zhí wù shuì mián zhī mí

### 植物的睡眠

蒲公英在入睡时，所有的花瓣都向上竖起来闭合，看上去好像一个黄色的鸡毛掸。

植物的睡眠在植物生理学中被称为植物的睡眠运动。不仅植物的花朵需要睡眠，植物的叶子也需要睡眠。比如公园中常见的合欢树，它的叶子是由许多小羽片组合成的，在阳光下舒展而平坦，可一到夜幕降临，那些小羽片就会成双成对地折合关闭。这就是植物睡眠运动的典型现象。会睡觉的植物还有很多很多，如花生、酢浆草、含羞草、羊角豆等。

夜幕降临时，睡莲的花瓣就会慢慢闭拢，开始进入睡眠状态。

白天，水面上朵朵莲花绽放。

## 植物为什么“睡眠”

kē xué jiā duì zhí wù de shuì mián
科学家对植物的睡眠
xiàn xiàng jìn xíng le yán jiū rèn wéi zhí wù
现象进行了研究，认为植物
zhī suǒ yǐ yào shuì mián dà zhì yǒu yǐ xià
之所以要睡眠，大致有以下
jǐ ge yuán yīn yī shì wǎn shang bǐ bái tiān
几个原因：一是晚上比白天
lěng yè wǎn bì hé yè zi hé huā duǒ
冷，夜晚闭合叶子和花朵，
kě yǐ bì miǎn hán lù hé shuāng dòng de qīn
可以避免寒露和霜冻的侵
xí èr shì bì hé kě yǐ jiǎn shǎo shuǐ fèn de zhēng fā yǒu bǎo chí shì dàng wēn dù de zuò yòng ér rè dài
袭。二是闭合可以减少水分的蒸发，有保持适当温度的作用。而热带
zhí wù de yè zi wǎng wǎng zài bái tiān bì hé yě shì wèi le jiǎn shǎo yè miàn shuǐ fèn de zhēng fā sān shì yè
植物的叶子往往在白天闭合，也是为了减少叶面水分的蒸发。三是夜
wǎn kāi huā de zhí wù bái tiān shuì mián yǒu fáng zhǐ shuǐ fèn hé tǐ wēn guò duō sàn shī jí bì miǎn kūn chóng dǎo luàn
晚开花的植物白天睡眠，有防止水分和体温过多散失及避免昆虫捣乱
de zuò yòng
的作用。

合欢树的叶子爱睡觉。

### 魔法揭秘

kàn lái zhí wù de shuì mián yùn dòng shì zhí wù
看来，植物的睡眠运动是植物
miàn duì shēng cún huán jìng biàn huà shí de yī zhǒng bǎo
面对生存环境变化时的一种保
hù xìng fǎn yìng zài xiāng tóng huán jìng zhōng néng jìn xíng
护性反应。在相同环境中，能进行
shuì mián yùn dòng de zhí wù shēng zhǎng sù dù jiào kuài
睡眠运动的植物生长速度较快，
jù yǒu gèng qiáng de shēng cún jìng zhēng
具有更强的生存竞争
néng lì
能力。

yī shēng yǔ shuǐ xiāng bàn
# 一生与水相伴

## 自然魔法书

xǔ duō gāo děng zhí wù yě xiàng rén lèi yī yàng zài shuǐ li dāi jiǔ le jiù huì nán shòu yīn wèi zhí wù yě xū yào kōng qì cái néng shēng cún ér shuǐ li de kōng qì fēi cháng xī shǎo wú fǎ mǎn zú tā men de hū xī suǒ xū dàn yě yǒu yī xiē zhí wù cháng qī yǐ shuǐ wéi bàn zài shuǐ zhōng zì yóu de shēng zhǎng

许多高等植物也像人类一样，在水里待久了就会难受，因为植物也需要空气才能生存，而水里的空气非常稀少，无法满足它们的呼吸所需。但也有一些植物长期以水为伴，在水中自由地生长。

shuǐ shēng zhí wù shēng zhǎng zhī mí
## 水生植物生长之谜

### 水生植物的呼吸

wèi le shì yìng shuǐ zhōng de shēng huó shuǐ shēng zhí wù yǒu yī xiē tè shū de shēn tǐ gòu zào lì rú lián yīn wèi lián de gēn zhuàng jīng cháng nián shēng zhǎng zài shuǐ xià de wū ní li zhǐ yǒu hé yè hé hé huā tǐng chū shuǐ miàn suǒ yǐ lián de gè gè qì guān li dōu yǒu qì qiāng dāng kōng qì cóng hé yè biǎo miàn de qì kǒng jìn rù zhōng kōng de yè bǐng hòu kōng qì zhōng de yǎng qì jiù yán zhe gè gè tōng qì guǎn dào yī zhí kuò sàn dào lián de gēn zhuàng jīng cóng ér bǎo zhèng le lián de hū xī yǔ dài xiè de xū yào

为了适应水中的生活，水生植物有一些特殊的身体构造。例如莲，因为莲的根状茎常年生长在水下的污泥里，只有荷叶和荷花挺出水面，所以莲的各个器官里都有气腔，当空气从荷叶表面的气孔进入中空的叶柄后，空气中的氧气就沿着各个通气“管道”一直扩散到莲的根状茎，从而保证了莲的呼吸与代谢的需要。

池塘里的水生植物

## 水生植物的生长类型

水生植物是指“喜欢在有水的环境中生存”的植物。水生植物主要分为四大类：植物体完全漂浮在水面的漂浮植物，如布袋莲；根部或极少的部分生长在水中或是泥土里的挺水植物，如荷花；根固定在水底，叶子浮在水面的浮叶植物，如菱角；根固定在水底，茎、叶也沉入水里的沉水植物。

**布袋莲**

布袋莲的叶柄处特别肥胖，里面有许多空腔，空腔里贮存了大量的空气，具有通气的作用。

**菱角**

菱角是典型的水生植物，它果实上尖尖的硬角，可以把幼苗固定在一个地方，以免被水冲走。

## 魔法揭秘

水生植物的各种身体构造都是在水环境中逐渐进化而来的，这些构造能使它们在缺乏空气的水环境中更好地生长。

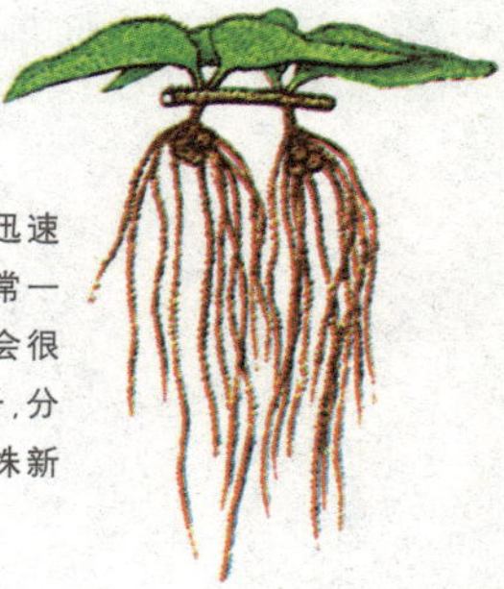

**浮萍**

浮萍是一种生长迅速的水生植物。通常一片浮萍叶子边上会很快长出一片新叶子，分开后就变成了一株新浮萍。

# 植物界的“骆驼”

## 沙漠植物耐旱之谜

### 自然魔法书

沙漠炎热干旱，严重缺水，很多动植物都难以在这么严酷的环境中生存，但是有些植物却顽强地生长在那里，而且长得还很好呢，它们各有什么耐旱的“独门绝技”呢？看看仙人掌就知道了。

### 沙漠植物蓄水的特殊器官

水是生命之源。沙漠中接连好几个月，有时甚至接连好几年才会下一次雨，为了维持基本的生存需要，沙漠植物都各有妙招儿，它们身上都长着特殊的蓄水器官，有的是膨大的根，有的是肉质的茎或叶，这些器官都能贮存很多水。例如，巨大的纺锤树能贮存6～9吨水，这些水不仅能满足纺锤树自身的需要，还能帮助其他小动物呢。

红柳也是典型的沙漠植物，能在沙漠中扎根生长。

## 沙漠植物的生长特性

xǔ duō shā mò zhí wù bù zhǎng yè piàn ér shì hún
许多沙漠植物不长叶片，而是浑
shēn zhǎng mǎn le jiān jiān de cì zhè xiē cì qí shí
身长满了尖尖的刺，这些刺其实
jiù shì tuì huà de yè zi yīn wèi shā mò li shí zài
就是退化的叶子。因为沙漠里实在
tài rè le yáng guāng huǒ là là de rú guǒ zhí wù
太热了，阳光火辣辣的，如果植物
de yè zi yòu kuān yòu dà shuǐ fèn hěn kuài jiù huì zhēng
的叶子又宽又大，水分很快就会蒸
fā guāng le ér cì zhuàng de yè zi néng jiǎn shǎo zhí wù tǐ nèi shuǐ fèn de liú shī lìng wài xǔ duō shā mò
发光了，而刺状的叶子能减少植物体内水分的流失。另外，许多沙漠
zhí wù dào le gān hàn jì jié jiù huì tíng zhǐ shēng zhǎng lì rú měi dāng hàn jì lái lín shí hú yáng shù jiù
植物到了干旱季节就会停止生长。例如，每当旱季来临时，胡杨树就
tuō diào quán shēn de yè zi tíng zhǐ shēng zhǎng yī dàn xià yǔ le hú yáng shù yòu xī shōu shuǐ fèn hěn kuài
脱掉全身的叶子，停止生长；一旦下雨了，胡杨树又吸收水分，很快
de zhǎng chū xīn yè lái
地长出新叶来。

生命力顽强的胡杨树

纺锤树有巨大的"肚子"帮助它贮存水分。

### 魔法揭秘

shā mò zhí wù nài hàn shì yīn wèi tā men jù yǒu dú tè de shēn tǐ gòu
沙漠植物耐旱是因为它们具有独特的身体构
zào hé shēng zhǎng tè xìng ér zhè xiē tè xìng dōu shì shā mò zhí wù wèi le
造和生长特性，而这些特性都是沙漠植物为了
shì yìng gān hàn yán rè de huán jìng màn màn jìn huà ér lái de
适应干旱炎热的环境慢慢进化而来的。

在沙漠环境中顽强生长着的仙人掌群

qiū gū niang de huā tóu jīn
# 秋姑娘的花头巾

yè zi biàn huáng biàn hóng zhī mí
## 叶子变黄、变红之谜

### 自然魔法书

yán yán xià rì li
炎炎夏日里，
shù mù yī piàn cōng cuì
树木一片葱翠。
dàn shì dāng qiū tiān lái lín
但是当秋天来临
shí tiān qì zhuǎn liáng hěn
时，天气转凉，很
duō shù yè què yī piàn piàn de
多树叶却一片片地
biàn huáng huò biàn hóng nà huáng
变黄或变红，那黄
dēng dēng de yín xìng shù lín hóng
澄澄的银杏树林、红
yàn yàn de fēng shù lín wèi
艳艳的枫树林……为
qiū gū niang pī shàng le céng céng piāo
秋姑娘披上了层层漂
liang de huā tóu jīn
亮的花头巾。

### 叶子的颜色

浓绿的夏日森林

zhí wù de yè zi zhōng
植物的叶子中
hán yǒu gè zhǒng sè sù zuì zhǔ
含有各种色素，最主
yào de shì lǜ sè de yè lǜ sù
要的是绿色的叶绿素
hé huáng sè de lèi hú luó bo sù yī bān qíng kuàng xià
和黄色的类胡萝卜素。一般情况下，
zhí wù yè zi zhōng suǒ hán de yè lǜ sù bǐ huáng sè de
植物叶子中所含的叶绿素比黄色的
lèi hú luó bo sù duō suǒ yǐ zhèng cháng yè zi zǒng shì
类胡萝卜素多，所以正常叶子总是
chéng xiàn lǜ sè ér yǒu xiē zhí wù rú qiū hǎi táng
呈现绿色。而有些植物，如秋海棠
děng tā men de yè zi zhōng hóng sè sè sù piān duō suǒ
等，它们的叶子中红色色素偏多，所
yǐ tā men de yè zi cháng nián dōu shì hóng sè de hái
以它们的叶子常年都是红色的。还
yǒu yī xiē zhí wù de yè piàn hán yǒu hóng sè de huā qīng
有一些植物的叶片含有红色的花青
sù yú shì tā men de yè piàn yě chéng xiàn chū hóng sè
素，于是它们的叶片也呈现出红色。

## 叶子为什么变红或变黄

秋天，由于气候条件变化或叶片衰老，叶绿素遭到破坏或分解，导致数量减少，而类胡萝卜素则比较稳定，所以，叶片普遍变黄。另外，秋天温度降低，植物体内需要积累较多的糖分来御寒，这也有利于红色花青素的形成。正因为绿色素减少，红色花青素增多，所以有些树木的叶子一到秋天就变得一片火红，著名的香山红叶就是这样形成的。

爬山虎的叶子变红了！

秋季来临，许多树木的叶子都会变黄或变红。

元宝枫的红色叶子

### 魔法揭秘

原来，叶子能呈现不同的颜色是叶片中的色素在施魔法，色素的含量又会受叶片自身的生长和外界环境的影响而发生变化，当变化发生时，叶子就开始变色了。

# 美丽的使者

## 各种美容植物

### 自然魔法书

在干旱的沙漠里，生长着一种奇异的植物，人们将它狭长的叶子切成小块，拿来洗脸，一段时间后，洗过的脸上就变得光滑柔嫩，这就是人们常说的“美容圣品”——芦荟。除了芦荟，还有许多植物都有奇妙的美容功效。

### 柠檬与美容

在美容植物中，名气最大的恐怕是柠檬了。它被称为白嫩肌肤的“水果之王”。柠檬具有绝佳的美容效果。它的皮能分泌柠檬油，清香的柠檬油能润泽肌肤，所以用柠檬皮代替海绵擦拭身体可去除手脚上的厚茧。柠檬汁中含有丰富的维生素C和柠檬酸，能抑制皮肤中黑色素的生成，同时还具有消毒、去污、美白的美容功效呢！

柠檬

## 鲜黄瓜与美容

huáng guā shì wǒ men cháng jiàn de yī zhǒng shū cài tā hán yǒu dàn bái zhì zhī fáng hú luó bo sù duō
黄瓜是我们常见的一种蔬菜，它含有蛋白质、脂肪、胡萝卜素、多
zhǒng kuàng wù zhì hé wéi shēng sù děng chéng fèn yíng yǎng jià zhí fēi cháng gāo xiān huáng guā zhōng hán yǒu yī
种矿物质和维生素等成分，营养价值非常高。鲜黄瓜中含有一
zhǒng huáng guā méi tā néng yǒu xiào de cù jìn wǒ men shēn tǐ de xīn chén dài xiè tóng shí xiān huáng guā hái
种黄瓜酶，它能有效地促进我们身体的新陈代谢。同时，鲜黄瓜还
shì yī zhǒng cháng jiàn de měi róng pǐn qí zhōng hán yǒu de jiāo zhì guǒ suān cháng
是一种常见的美容品，其中含有的胶质果酸，常
yòng lái zhì liáo shài shāng hé què bān huáng guā zhī yě kě
用来治疗晒伤和雀斑。黄瓜汁也可
yǐ yòng lái qīng jié miàn bù zhì liáo pí fū guò mǐn
以用来清洁面部，治疗皮肤过敏。

**西瓜汁**

西瓜汁中含有有益健康的化学成分，这些成分容易被皮肤吸收。

**鲜黄瓜**

黄瓜是极好的美容植物。

### 魔法揭秘

kàn lái zhí wù měi róng de mì mì zài yú tā men zì
看来，植物美容的秘密在于它们自
shēn hán yǒu tè shū de yíng yǎng chéng fèn zhè xiē chéng
身含有特殊的营养成分，这些成
fèn jù yǒu de liáng hǎo de měi róng xiào guǒ shǐ tā
分具有的良好的美容效果，使它
men chéng le měi lì de shǐ zhě
们成了美丽的使者。

# 活着的化石

## 自然魔法书

自然界中有许多不同种类的植物，不同植物的数量也不同，有些植物数量极多，在地球上大量繁殖着；有些植物的数量极少，却有着古老的历史，被称为活化石。它们就是银杏、水杉、珙桐等珍稀植物。

## 中国特有的珍稀植物

### 白果树——银杏

银杏是一种落叶乔木，叶片呈扇形，结出的果实外皮呈白色，因而被称为白果。银杏的叶、皮、果都能入药，对人类健康有神奇的功效。大约两亿年前，银杏就已经遍布世界各地了。后来因为第四纪冰川的影响，气候巨变，世界上其他地区的银杏全都灭绝了，只有中国的银杏幸存了下来，成为人们研究的活标本。

银杏是我国特有的珍稀植物。

鸽子树——珙桐

## 鸽子树——珙桐

gǒng tóng shì yī zhǒng gāo dà de luò yè shù
珙桐是一种高大的落叶树，
tā men de huā duǒ xíng zhuàng fēi cháng qí tè liǎng piàn
它们的花朵形状非常奇特，两片
bái sè de huā bāo yóu rú liǎng piàn gē zi de chì bǎng
白色的花苞犹如两片鸽子的翅膀，
yīn cǐ gǒng tóng yòu jiào zuò gē zi shù dà yuē zài wàn nián qián gǒng tóng
因此珙桐又叫做鸽子树。大约在200万年前，珙桐
jiā zú fán róng yī shí hòu lái shòu dì sì jì bīng chuān de qīn xí zhǐ yǒu yī
家族繁荣一时，后来受第四纪冰川的侵袭，只有一
bù fen xìng cún xià lái shēng zhǎng zài wǒ guó zhōng xī bù piān pì de shān qū
部分幸存下来，生长在我国中西部偏僻的山区。
gǒng tóng shì wǒ guó yī jí bǎo hù zhí wù bèi zhí wù xué jiā chēng wéi zhí wù
珙桐是我国一级保护植物，被植物学家称为“植物
huó huà shí hé lǜ sè xióng māo
活化石”和“绿色熊猫”。

被尊称为"神木"的红桧树，只生长在我国台湾省的山脉地区，树龄可达3000年。

水杉也是我国特有的珍稀植物。

### 魔法揭秘

shuǐ shān yín xìng gǒng tóng děng zhēn xī zhí wù cóng
水杉、银杏、珙桐等珍稀植物从
yuǎn gǔ shí dài zǒu lái zhì jīn réng zài wǒ guó bù fen dì qū
远古时代走来，至今仍在我国部分地区
shēng zhǎng fán zhí
生长繁殖。

美丽的银杏

# 大地的花衣服

## 地衣和苔藓

### 自然魔法书

自然界有两种奇怪的植物，它们一种广泛生长在阴湿的树林里、井边或墙角等地方，像是为大地穿上了绿衣；另一种则生长在岩石上，看起来花花绿绿的，又像是岩石的花衣裳。它们到底是如何形成的呢？

### 地衣的形成

枝状地衣

地衣是一种菌藻共生的植物。藻类利用光合作用制造养分，为真菌提供食物；真菌则从中吸收水分和矿物盐，它们构成了稳定的联合体。地衣的生命力非常顽强，只要一小块含有藻类和真菌的地衣碎片落在地面上或是光秃秃的岩石上，就能生出新的地衣。所以，地衣在峭壁、岩石、树皮上，甚至在沙漠等不毛之地都能生长繁衍。

苔藓具有很强的吸水能力，它们密集在一起所吸的水远远高出自身的重量，并且很少蒸发。所以，苔藓对于防止水土流失有着重要的作用。

苔藓为岩石穿上了花衣裳。

## 苔藓的形成

苔藓是能够独立在陆地上生存的一种隐花植物。它们高度一般不超过10厘米，常密密麻麻地挤在一起，毛茸茸的一片，就像一块碧绿的地毯。每年春天，苔藓的繁殖器官在茎的顶端形成。这些器官产生的精子和卵子在受精后形成受精卵，受精卵再发育出一个个长长的柄，并在最上端长出膨大的球囊，植物学家把它叫做孢蒴。孢蒴成熟后，里面许许多多的孢子就会飞散出去，遇到合适的条件，孢子就会萌发并长成新的苔藓。

地衣的生长速度极慢，但是活得很久。

## 魔法揭秘

地衣和苔藓都是大自然的拓荒者，具有极强的生命力，即使在极端恶劣的环境下也能生存下来。另外，它们还能分泌一种酸性物质，溶解岩石表面，它们死亡后的残骸留在岩石上形成腐殖质。经过大自然的风化作用，被溶解的岩石和腐殖质就会形成土壤，为高等植物的生长创造条件。

hēi àn zhōng shēng zhǎng
# 黑暗中生长

jūn lèi
## 菌类

### 自然魔法书

tiān shang xià yǔ
"天上下雨，
dì shang mào pào jǐ zhe
地上冒泡，挤着
chū lái dài ge cǎo mào
出来，戴个草帽"，
yǔ hòu cǎo dì shang jīng cháng
雨后草地上经常
tū rán chū xiàn zhè zhǒng dài
突然出现这种戴
cǎo mào de guài wù sú chēng wéi
草帽的怪物，俗称为
mó gu tā men bù jǐn cháng zài
蘑菇。它们不仅常在
yǔ hòu de cǎo dì shang lù miàn
雨后的草地上露面，
zài yīn àn cháo shī de dì fang yě yǒu
在阴暗、潮湿的地方也有
tā men de shēn yǐng tā men nán dào
它们的身影。它们难道
shì zài yí yè zhī jiān shēng zhǎng qǐ lái de
是在一夜之间生长起来的？

### 真菌的共同特征

zhēn jūn shì yī zhǒng zhēn hé xì bāo wēi shēng wù rú
真菌是一种真核细胞微生物，如
mó gu mǎ bó jūn děng jiù shǔ yú zhēn jūn zhēn jūn méi yǒu
蘑菇、马勃菌等就属于真菌。真菌没有
gēn jīng yè zhī fēn bù néng xiàng zhí wù nà yàng jìn xíng
根、茎、叶之分，不能像植物那样进行
guāng hé zuò yòng ér shì kào fēn jiě dòng zhí wù zǔ zhī cóng
光合作用，而是靠分解动植物组织，从
ér dé dào shēng zhǎng suǒ xū de yǎng fèn tā men dà duō néng
而得到生长所需的养分。它们大多能
zhì zào yī zhǒng jiào zuò jūn sī de wǎng chēng wéi zhēn jūn tǐ
制造一种叫做菌丝的网，称为真菌体。
yóu yú zhēn jūn kào fēn jiě sǐ wáng dòng zhí wù lái huò qǔ yǎng
由于真菌靠分解死亡动、植物来获取养
liào yǒu zhù yú yǒu jī wù fēn jiě wéi jī běn kuàng wù zhì
料，有助于有机物分解为基本矿物质，
shǐ zhī huí dào tǔ rǎng bìng wèi zhí wù xún huán lì yòng rén men
使之回到土壤并为植物循环利用，人们
jiāng zhēn jūn chēng wéi dà zì
将真菌称为"大自
rán de qīng jié gōng
然的清洁工"。

当马勃菌成熟后，只要轻轻一碰，表皮就会爆裂开来，喷出一股烟雾，藏在里面的孢子就会飞到远方去繁殖后代。

## 真菌的繁殖

一般植物以花或种子繁衍后代，而真菌则以孢子和菌丝繁衍新个体。以蘑菇为例，在蘑菇菌帽的下边有许多辐射状的菌褶，当蘑菇成熟后，菌褶里就会产生成千上万个细小的颗粒——孢子。孢子落到地上就会发芽，并产生新的菌丝体，这些菌丝体逐渐生长，一段时间后所有菌丝体结合在一起就会形成新的个体，一株新的蘑菇就长出来了。

生长在木头上的香菇

蘑菇的结构图

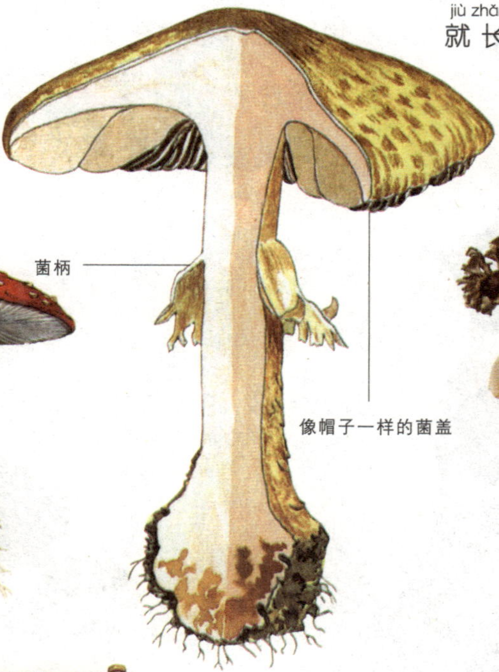

毒蝇伞

各种各样的蘑菇

真菌以分解动植物组织为食，因而能有效地清理地球的垃圾，肥沃土壤，保持大自然的清新整洁。

### 魔法揭秘

原来，蘑菇属于真菌类生物，它没有叶子，不需要进行光合作用，以孢子和菌丝繁衍新个体，所以它们能够在黑暗中生长。

# 带刺儿的“球”

## 自然魔法书

自然界中生长着一种奇怪的动物，它的身体矮胖，眼睛小，耳朵短，身体的背面密密麻麻地长着又粗又短的刺，一旦遇到敌害，它的身体就卷成球状，将刺朝外，保护自己。这个带刺的球状动物就是刺猬。

## 动物的自我保护

### 装死

大部分动物面临危险时，都会有同样的反应——逃跑。但是顺利逃脱危险也不是件容易的事，如果不能预先觉察到袭击者，而且跑得又不够快，那么逃跑也是没用的。于是，一些动物练就了一种特殊的逃生技能——装死。当危险来临时，这些动物就会突然“死去”。因为许多动物都不喜欢吃死动物的肉，如果猎物突然死亡，这些动物的捕食行为就会自动停止。

**刺猬**

刺猬的身上布满了密密麻麻的尖刺。

## 锋利的武器

有些动物在遇到危险时既不逃跑，也不用暂时装死来寻找逃生机会，而是利用自身的“武器”进行自我保护，例如刺猬和穿山甲。刺猬的刺是它的防卫“武器”，而穿山甲的“武器”则是一身由瓦状角质鳞片组成的“盔甲”。遇到敌人时，穿山甲就会将身体蜷缩成球状，这样就能保护头和脚，锋利的鳞片边缘使得敌人很难攻击它。

如果壁虎被抓住了尾巴，它的尾尖就会自动脱落并在地上扭动，这样就能欺骗袭击者，使壁虎有时间逃生。在接下来的几个星期里，壁虎的尾巴会逐渐长出来，并长到与原来的尾巴一样的长度。

鱼常常聚集成一大群，这样单个的鱼就能获得群体的保护了。

## 魔法揭秘

为了能在危险的情况下成功逃生，许多动物在长期的环境条件下各自形成了适合自己的自我保护方式，这都是自然选择的结果。

卷成一团的穿山甲

层层相叠的鳞片上带有脊状的突起，鳞片的边缘非常锋利。

穿山甲

qiān qí bǎi guài de shí pǔ
# 千奇百怪的食谱

dòng wù de mì shí
## 动物的觅食

### 自然魔法书

dòng wù de shí wù
动物的食物
fàn wéi hěn guǎng bāo kuò
范围很广，包括
zhí wù qí tā dòng wù hé
植物、其他动物和
yī xiē cán hái sēn lín zhōng
一些残骸。森林中
de lù chī qīng cǎo shù pí hé
的鹿吃青草、树皮和
shù yè māo tóu yīng chī shǔ lèi děng
树叶，猫头鹰吃鼠类等
xiǎo dòng wù ér huàn xióng bù jǐn
小动物，而浣熊不仅
chī xiè qīng wā yú děng dòng wù
吃蟹、青蛙、鱼等动物，
hái chī zhí wù jī hū suǒ yǒu de dōng
还吃植物，几乎所有的东
xi tā dōu ài chī tā men de shí pǔ
西它都爱吃。它们的食谱
zhēn shì qiān qí bǎi guài a
真是千奇百怪啊！

### 动物的觅食技巧

wèi le mǎn zú shēng cún de xū yào dòng wù bì xū jìn
为了满足生存的需要，动物必须进
xíng mì shí zài cháng qī de shēng cún huán jìng xià měi zhǒng
行觅食。在长期的生存环境下，每种
dòng wù dōu liàn jiù le yī tào huò qǔ shí wù de běn lǐng hé jì
动物都练就了一套获取食物的本领和技
qiǎo lì rú è yú jīng cháng tiē zhe hé miàn cáng zài hé
巧。例如，鳄鱼经常贴着河面，藏在河
biān dāng dòng wù lái hé biān hē shuǐ shí è yú jiù cuān chū
边。当动物来河边喝水时，鳄鱼就蹿出
shuǐ miàn yǎo zhù tā tǐ xíng jiào xiǎo de dòng wù
水面咬住它。体形较小的动物
yī bān kào jí tǐ de lì liàng mì shí lì
一般靠集体的力量觅食，例
rú měi dào lí míng shí fēn chéng qiān shàng wàn
如，每到黎明时分，成千上万
zhī rè dài mǎ yǐ jiù huì chuān guò sēn lín
只热带蚂蚁就会穿过森林，
dào chù xún mì shí wù de zōng jì
到处寻觅食物的踪迹。

鳄鱼等待时机，然后对靠近的猎物发动突然袭击。

## 动物对食物的消化

yī bān bǔ rǔ dòng wù jiè zhù yá chǐ lái jǔ jué hé sī yǎo shí wù zhè yàng jiù néng shǐ shí wù biàn de xì
一般哺乳动物借助牙齿来咀嚼和撕咬食物，这样就能使食物变得细
suì róng yì bèi xiāo huà diào dàn shì yǒu xiē dòng wù de yá chǐ zhǐ néng jiǎn
碎，容易被消化掉。但是有些动物的牙齿只能简
dān de jiā zhù shí wù bǎ shí wù tūn yān xià qù hái yǒu xiē dòng wù xiàng
单地夹住食物，把食物吞咽下去。还有些动物向
tā men de liè wù tǐ nèi zhù rù xiāo huà yè dāng xiāo huà yè chōng fèn fēn jiě
它们的猎物体内注入消化液，当消化液充分分解
liè wù de shēn tǐ hòu tā men cái xī qǔ liè wù tǐ nèi yǒu
猎物的身体后，它们才吸取猎物体内有
yíng yǎng de wù zhì dāng tā men jìn shí wán bì tā men de
营养的物质。当它们进食完毕，它们的
liè wù jiù zhǐ shèng xià yī ge kōng ké le kàn lái dòng wù
猎物就只剩下一个空壳了。看来，动物
duì shí wù de xiāo huà fāng shì yě shì qiān qí bǎi guài de
对食物的消化方式也是千奇百怪的。

蝎子是一种食肉爬虫，它在捕食时会先向猎物体内注射消化液，等猎物被消化液分解成液体时，再吸取其中的营养物质。

猎豹是陆地上奔跑速度最快的哺乳动物之一，主要以羚羊、野兔等中小型动物为食，凭借高速出击的方式捕食猎物。

### 魔法揭秘

bù tóng de dòng wù xuǎn zé le bù tóng de shí pǔ xíng chéng
不同的动物选择了不同的食谱，形成
le bù tóng de mì shí fāng shì zhè yī qiè dōu shì tā men zài cháng
了不同的觅食方式，这一切都是它们在长
qī de huán jìng tiáo jiàn xià jìn huà ér lái de shì yìng xìng tè zhēng
期的环境条件下进化而来的适应性特征。

tā men yào dào nǎ lǐ qù
# 它们要到哪里去

dòng wù de qiān xǐ
## 动物的迁徙

### 自然魔法书

suí zhe jì jié de
随着季节的
biàn huà hěn duō dòng wù
变化，很多动物
dōu biǎo xiàn chū yī zhǒng qí
都表现出一种奇
guài de xíng wéi niǎo ér men
怪的行为。鸟儿们
chéng qún de jìn xíng yǒu guī lǜ
成群地进行有规律
de nán běi qiān yí yú ér men
的南北迁移，鱼儿们
chéng qún de yóu lái yóu qù hái
成群地游来游去。还
yǒu xiē dì fang qīng tíng zhí shēng
有些地方蜻蜓“直升
jī pū tiān gài dì qīng wā dà
机”铺天盖地；青蛙大
jūn guā shēng zhèn zhèn xiàng yuǎn fāng
军“呱”声阵阵，向远方
xíng jìn tā men yào dào nǎ lǐ qù ne
行进……它们要到哪里去呢？

### 动物的迁徙行为

píng cháng dòng wù huì yǐ cháo wéi zhōng xīn zài
平常，动物会以巢为中心，在
fù jìn huó dòng rán ér xiàng yàn zi zhī lèi de dòng wù
附近活动。然而，像燕子之类的动物
měi dào chūn qiū liǎng jì jiù huì zuò yǒu guī lǜ de nán běi qiān
每到春秋两季就会做有规律的南北迁
yí gēng huàn shēng huó chǎng suǒ zhè zhǒng xíng wéi chēng
移，更换生活场所，这种行为称
wéi qiān xǐ yě yǒu yī xiē dòng wù huì zhǎo xīn chǎng suǒ
为迁徙。也有一些动物会找新场所
shēng huó ér bù zài huí lǎo jiā tā men de zhè zhǒng xíng
生活而不再回老家，它们的这种行
wéi jiào yí zhí xiàng hǎi guī zhī lèi de pá xíng dòng wù jīng
为叫移殖。像海龟之类的爬行动物经
cháng zuò de zhōu qī xìng de dà guī mó
常做的周期性的大规模
yí dòng chēng wéi huí yóu
移动，称为洄游。

**海龟洄游**
小海龟在沙滩上孵化出来后，会爬向海里，在海中成长。若干年后的繁殖季节，成年的雌海龟会洄游到原来出生的海滩上，在那里筑巢产卵。

每到春秋两季，大多数鸟儿就会进行南北迁徙。这与季节变化导致的气候不适应和食物不足等多种因素有关。

信鸽的定向导航能力测试

信鸽在生物钟正常情况下朝着太阳的正确方向起飞（红色表示正确起飞方向，黑色表示实际起飞时的选择的方向）。

将信鸽体内的生物钟调前了6小时后，信鸽把太阳方位也调整了。

阴天时，信鸽仍能按正确的方位起飞。

在阴天，若实验者将磁块绑在信鸽身上，结果一群信鸽向任何一个方向飞的都有。这说明它们在没有太阳的情况下会靠地球磁场来定位。

## 动物在迁徙时如何定位导向

qiān xǐ dòng wù jīng guò cháng tú bá shè hòu
迁徙动物经过长途跋涉后，
yī bān dōu néng zhǔn què wú wù de dào dá mù dì dì
一般都能准确无误地到达目的地。
kē xué yán jiū biǎo míng hǎi guī huí yóu shí bù jǐn néng
科学研究表明，海龟洄游时不仅能
jiè zhù hǎi shuǐ de huà xué chéng fèn dǎo háng hái néng
借助海水的化学成分导航，还能
píng jiè dì qiú cí chǎng dǎo háng xǔ duō niǎo lèi kào
凭借地球磁场导航。许多鸟类靠
zhe tǐ nèi de shēng wù zhōng suí shí gǎn jué tài yáng de
着体内的生物钟，随时感觉太阳的
wèi zhì yǐ tài yáng de wèi zhì lái què dìng fāng wèi
位置，以太阳的位置来确定方位。

灯光的干扰

每年都有数百万只鸟在迁徙过程中撞在摩天大楼的窗户上死去，原来城市的照明灯光给鸟造成了日夜倒置的感觉，使它们不能很好地判断方位了。

## 魔法揭秘

dòng wù de qiān xǐ wǎng wǎng shì chū yú mì shí fán zhí děng de xū yào shì tā men zài màn
动物的迁徙往往是出于觅食、繁殖等的需要，是它们在漫
cháng de suì yuè zhōng wèi le shì yìng zì rán huán jìng zhú jiàn yǎn jìn ér lái de xí xìng dāng rán yī
长的岁月中为了适应自然环境逐渐演进而来的习性。当然，一
xiē dòng wù wèi le duǒ bì dì zhèn hóng shuǐ děng zì rán zāi hài yě huì jìn xíng fēi guī lǜ xìng de qiān xǐ
些动物为了躲避地震、洪水等自然灾害，也会进行非规律性的迁徙。

biàn sè de zhēn xiàng
# 变色的真相

## 自然魔法书

zài rè dài yǔ lín dì
在热带雨林地
qū yǒu yī zhǒng bèi chēng
区，有一种被称
wéi biàn sè lóng de dòng wù
为变色龙的动物，
tā men cháng nián qī xī zài
它们常年栖息在
shù shang dāng zhōu wéi huán
树上，当周围环
jìng biàn huà shí tā men jiù xiàng
境变化时，它们就像
bèi shī le mó fǎ yī yàng yě gēn
被施了魔法一样也跟
zhe biàn huàn tǐ sè zài yī zhòu
着变换体色。在一昼
yè zhī jiān tā men kě yǐ biàn huàn liù
夜之间，它们可以变换六
qī zhǒng yán sè yè shēn shí wéi huáng
七种颜色：夜深时为黄
bái sè lí míng shí wéi àn lǜ sè
白色，黎明时为暗绿色……

dòng wù de wěi zhuāng
## 动物的伪装

变色龙

### 变色

yī xiē dòng wù néng
一些动物能
gǎi biàn tǐ biǎo de yán sè
改变体表的颜色
lái yǔ zhōu wéi huán jìng de yán sè xiāng pǐ pèi
来与周围环境的颜色相匹配，
zhè zhǒng yán sè biàn huà yī lài yú zhè xiē dòng wù pí fū shang
这种颜色变化依赖于这些动物皮肤上
wēi xiǎo de sè sù dài de dà xiǎo biàn sè xī yì néng gòu gēn
微小的色素袋的大小。变色蜥蜴能够根
jù bù tóng de qíng xíng kuò dà huò suō xiǎo sè sù dài zhǐ yào
据不同的情形扩大或缩小色素袋，只要
jǐ fēn zhōng jiù néng shǐ tǐ sè fā shēng biàn huà mò yú shèn
几分钟就能使体色发生变化。墨鱼甚
zhì néng zài bù dào yī miǎo zhōng de shí jiān nèi dá dào biàn sè
至能在不到一秒钟的时间内达到变色
de mù dì dòng wù de zhè zhǒng tǐ sè biàn huà néng shǐ tā
的目的。动物的这种体色变化能使它
men zài hěn duō qíng kuàng xià bì kāi wēi xiǎn
们在很多情况下避开危险。

梅花鹿身上的梅花斑点就是它们"模仿"生存环境进化而来的。

**枯叶蝶**

当停息在树枝上时，枯叶蝶的两只翅膀合拢起来，颜色、花纹及形态像极了枯叶。

## 拟态

nǐ tài shì zhǐ mǒu xiē dòng wù zài xíng zhuàng sè zé bān wén děng wài biǎo tè xìng shang yǔ qí tā shēng wù huò fēi shēng wù xiāng sì de xiàn xiàng kūn chóng jiù jīng cháng cǎi yòng wú shù zhǒng fāng fǎ lái wěi zhuāng zì jǐ shǐ zì jǐ kàn qǐ lái xiàng xiǎo shù zhī yè zi huò shì luǎn shí děng rú cháng jiàn de kū yè dié děng qí shí nǐ tài xiàn xiàng zài dòng wù jiè zhōng shì bǐ jiào cháng jiàn de rú bān mǎ shēn shang de tiáo wén méi huā lù shēn shang de méi huā yǐ jí hǔ bào shēn shàng de bān diǎn dōu shì dòng wù mó fǎng shēng cún huán jìng ér xíng chéng de wài bù tè zhēng

拟态是指某些动物在形状、色泽、斑纹等外表特性上与其他生物或非生物相似的现象。昆虫就经常采用无数种方法来伪装自己，使自己看起来像小树枝、叶子或是卵石等，如常见的枯叶蝶等。其实，拟态现象在动物界中是比较常见的，如斑马身上的条纹，梅花鹿身上的“梅花”以及虎豹身上的斑点，都是动物“模仿”生存环境而形成的外部特征。

**乳蛇的绝招**

无毒的乳蛇对敌人没有威胁，它通过模拟有剧毒的珊瑚眼镜蛇的颜色和花纹，来保护自己。

珊瑚眼镜蛇

## 魔法揭秘

dòng wù wèi le shì yìng zhōu wéi huán jìng de biàn huà shǐ zì jǐ bì kāi wēi xiǎn cǎi qǔ le gè zhǒng wěi zhuāng xíng xíng sè sè de wěi zhuāng yǐ jīng chéng wéi tā men de shēng cún běn néng le

动物为了适应周围环境的变化，使自己避开危险，采取了各种伪装，形形色色的伪装已经成为它们的生存本能了。

shì shuí zài cháng shuì bù xǐng
# 是谁在长睡不醒

dòng wù de dōng mián
## 动物的冬眠

### 自然魔法书

dōng tiān yī lái jiā ná dà de yī xiē shān shǔ jiù wā hǎo dì dào zuān jìn xué nèi jiāng shēn tǐ quán suō chéng yī tuán kāi shǐ dōng mián zhè shí jí shǐ yòng jiǎo tī tā men tā men yě bù huì yǒu rèn hé fǎn yìng jiǎn zhí xiàng sǐ qù yī yàng shēn tǐ jiāng yìng de jī hū kě yǐ dāng qiú yī yàng gǔn lái gǔn qù

冬天一来，加拿大的一些山鼠就挖好地道，钻进穴内，将身体蜷缩成一团，开始冬眠。这时，即使用脚踢它们，它们也不会有任何反应，简直像死去一样。身体僵硬得几乎可以当球一样滚来滚去。

### 动物冬眠时的代谢特征

jìn rù dōng mián hòu dòng wù de xǔ duō shēng lǐ gōng néng rú dài xiè lǜ xīn lǜ hū xī pín lǜ děng dōu zài fā shēng zhe huǎn màn de gǎi biàn dōng mián qī jiān dòng wù de tǐ wēn hū xī pín lǜ dōu yào bǐ zhèng cháng huó dòng zhuàng tài xià dī jǐ shí bèi shèn zhì jìn bǎi bèi dòng wù de tǐ wēn kě yǐ jiàng dào yǔ huán jìng wēn dù jǐn chà hū xī lǜ kě jiàng dào měi fēn zhōng cì

进入冬眠后，动物的许多生理功能，如代谢率、心率、呼吸频率等，都在发生着缓慢的改变。冬眠期间，动物的体温、呼吸频率都要比正常活动状态下低几十倍，甚至近百倍。动物的体温可以降到与环境温度仅差1℃～2℃，呼吸率可降到每分钟1次。

睡鼠是冬眠动物中有名的“瞌睡虫”，它每年要睡好几个月呢。

动物的冬眠

棕熊的冬眠历程

秋天到了，棕熊开始大吃大喝，使体内的皮下脂肪大为增加，把自己养得又肥又胖。

到了秋末，棕熊可以长到600千克，大肚子都拖到了地上。

吃饱喝足后，棕熊开始眯着眼睛打盹，酝酿睡眠。

没多久，棕熊就陷入沉沉的冬眠中了。

## 动物的入眠与醒觉

dōng mián de dòng wù rù mián suǒ xū yào de shí jiān shì bù yī yàng de yǒu de dòng wù zhǐ yào jǐ ge xiǎo shí jiù néng jìn rù dōng mián yǒu de dòng wù què xū yào jǐ tiān cái néng zhú bù rù mián rú huáng shǔ měi dào yè jiān tā de tǐ wēn biàn zhú jiàn jiàng dī tōng guò jǐ ge wǎn shang de fǎn fù shì jiàng cái jìn rù chí xù de dōng mián jìn rù dōng mián hòu dōng mián dòng wù dōu huì biǎo xiàn chū yī zhǒng zhōu qī xìng de xǐng jué xíng wéi jí cóng shēn dōng mián zhuàng tài zì fā de dá dào gāo tǐ wēn rán hòu zài chóng xīn jìn rù dōng mián

冬眠的动物入眠所需要的时间是不一样的，有的动物只要几个小时就能进入冬眠，有的动物却需要几天才能逐步入眠，如黄鼠，每到夜间，它的体温便逐渐降低，通过几个晚上的反复“试降”，才进入持续的冬眠。进入冬眠后，冬眠动物都会表现出一种周期性的醒觉行为，即从深冬眠状态自发地达到高体温，然后再重新进入冬眠。

冬眠过后，美丽的蝴蝶从蛹中钻出。

### 魔法揭秘

huán jìng wēn dù guāng zhào zhōu qī shí wù zhōng de huà xué chéng fèn de gǎi biàn děng yīn sù dōu huì yǐng xiǎng dòng wù de rù mián ér dōng mián yòu shì ge fù zá de shēng lǐ shì yìng guò chéng yī dàn huán jìng wēn dù jiàng dī dào wēi xié shēng mìng de chéng dù dōng mián zhōng de dòng wù jiù néng tōng guò xǐng jué lái zēng qiáng dài xiè lǜ dǐ kàng dī wēn

环境温度、光照周期、食物中的化学成分的改变等因素都会影响动物的入眠，而冬眠又是个复杂的生理适应过程，一旦环境温度降低到威胁生命的程度，冬眠中的动物就能通过醒觉来增强代谢率，抵抗低温。

huì shǐ yòng gōng jù de niǎo
# 会使用工具的鸟

dòng wù de zhì néng
## 动物的智能

### 自然魔法书

zài tài píng yáng de
在太平洋的
yī ge xiǎo dǎo shang shēng
一个小岛上生
cún zhe yī zhǒng zhuó mù
存着一种啄木
yàn tā men huì shǐ yòng xì
燕，它们会使用细
shù zhī tiǎo chū shù dòng li de
树枝挑出树洞里的
xiǎo chóng fēi zhōu yǒu yī zhǒng
小虫。非洲有一种
huì yòng shé tou tán shè shí tou de
会用舌头弹射石头的
niǎo zhè zhǒng niǎo cháng yòng zhè
鸟，这种鸟常用这
zhǒng fāng fǎ bǎ láng dǎ de huī liū
种方法把狼打得灰溜
liū de táo pǎo ne tā men de cōng
溜地逃跑呢。它们的聪
míng jǔ dòng zhēn lìng rén jīng yà
明举动真令人惊讶！

### 黑猩猩的智能表现

yīng guó kē xué jiā fā xiàn yī zhī
英国科学家发现，一只
hēi xīng xing zài qǔ fēng mì shí yòng le sì
黑猩猩在取蜂蜜时用了四
zhǒng bù tóng de gōng jù tā xiān yòng yī gēn qián duān jiào jiān
种不同的工具。它先用一根前端较尖
de cháng shù zhī dǎ chuān fēng cháo wài bù jiān gù de là céng jiē
的长树枝打穿蜂巢外部坚固的蜡层，接
zhe gǎi yòng yī gēn jiào wéi xì duǎn dàn gèng jiān ruì de gùn zi bǎ
着改用一根较为细短但更尖锐的棍子把
dòng wā de shēn yī xiē rán hòu zài yòng yī gēn xì cháng de shù
洞挖得深一些，然后再用一根细长的树
zhī jiāng fēng cháo tǒng kāi zuì hòu
枝将蜂巢捅开。最后
yòng yī gēn xì xì de téng tiáo tǒng
用一根细细的藤条捅
jìn cháo nèi jiāng nián chóu de fēng
进巢内，将黏稠的蜂
mì tiāo chū lái fàng zài zuǐ
蜜挑出来，放在嘴
li měi zī zī de shǔn xī
里美滋滋地吮吸。

黑猩猩会使用石头砸碎核桃，这样就能吃到核桃仁了。

## 白兀鹰的智能表现

聪明的白兀鹰

fēi zhōu de bái wù yīng ài chī tuó niǎo dàn yú shì tā fā míng le gāo kōng
非洲的白兀鹰爱吃鸵鸟蛋，于是它发明了高空
zá dàn fǎ yòng shuāng zhuǎ zhuā zhù yī kuài zhòng kè zuǒ yòu de
砸蛋法：用双爪抓住一块重300克左右的
shí tou fēi dào mǐ de gāo kōng rán hòu sōng kāi
石头，飞到80～100米的高空，然后松开
shuāng zhuǎ ràng shí tou zá dào tuó niǎo dàn shang jiāng dàn dǎ pò
双爪，让石头砸到鸵鸟蛋上，将蛋打破。
bái wù yīng xuǎn zé de gāo dù yě shì yǒu jiǎng jiu de rú guǒ fēi
白兀鹰选择的高度也是有讲究的，如果飞
de tài dī dàn dǎ bù pò rú guǒ fēi de tài gāo jiāng dàn dǎ
得太低，蛋打不破；如果飞得太高，将蛋打
de yī tā hú tú jiù chī bù dào shén me le ér cóng
得一塌糊涂，就吃不到什么了；而从80～
mǐ de gāo dù luò xià de shí tou zhèng hǎo néng jiāng tuó niǎo
100米的高度落下的石头正好能将鸵鸟
dàn zá kāi yī tiáo liè fèng bù
蛋砸开一条裂缝，不
sǔn huài lǐ biān de dōng xi
损坏里边的东西。

乌鸦会使用小树枝捉取大树裂缝里的小虫。

## 魔法揭秘

yǐ qián wǒ men yī zhí bǎ shì fǒu huì zhì zào gōng
以前，我们一直把是否会制造工
jù zuò wéi qū fēn rén lèi hé dòng wù de zhòng yào
具作为区分人类和动物的重要
biāo zhì dàn jìn nián lái kē xué jiā fā xiàn
标志。但近年来，科学家发现，
yī xiē dòng wù yě néng shǐ yòng gōng jù yǐ dá
一些动物也能使用工具以达
dào yī dìng de mù dì cóng ér fǎn
到一定的目的，从而反
yìng le zhè xiē dòng wù néng gòu
映了这些动物能够
lì yòng zhì néng jiě jué yī
利用智能解决一
xiē fù zá de wèn tí
些复杂的问题。

黑猩猩经常把树枝当作工具使用。

zài yī qǐ zhēn rè nào
# 在一起真热闹

dòng wù de qún jū
## 动物的群居

羚羊

### 自然魔法书

mì fēng shì ài rè
蜜蜂是“爱热
nao de dòng wù tā men
闹”的动物，它们
tōng cháng jǐ wàn zhī qún jū
通常几万只群居
zài yī qǐ zǔ chéng yī ge
在一起，组成一个
shè huì fēng qún shè huì jì
社会。蜂群社会既
jiǎn dān yòu shén qí jiǎn dān de
简单又神奇，简单的
shì yī ge fēng qún nèi zhǐ yǒu yī
是一个蜂群内只有一
zhī fēng hòu jǐ zhī xióng fēng hé
只蜂后、几只雄蜂和
yī xiē gōng fēng shén qí de shì zhè
一些工蜂；神奇的是这
me jiǎn dān de zǔ zhī què fēn gōng yǒu xù
么简单的组织却分工有序，
néng gòu zhì zào chū jīng qiǎo de fēng cháo
能够制造出精巧的蜂巢，
niàng chū tián měi de fēng mì
酿出甜美的蜂蜜。

### 群体生活

hěn duō dòng wù dōu guò zhe qún tǐ shēng huó lì rú
很多动物都过着群体生活。例如，
mǎ yǐ chéng qiān shàng wàn zhī de shēng huó zài yī qǐ měi
蚂蚁成千上万只地生活在一起。每
zhī mǎ yǐ dōu zhǐ shì qún tǐ zhōng de yī ge chéng
只蚂蚁都只是群体中的一个成
yuán dà jiā yī qǐ bǎo hù bìng gōng yǎng
员，大家一起保护并供养
zhe yǐ hòu hé tā de hòu dài dà
着蚁后和它的后代。大
duō shù shí cǎo dòng wù yě guò zhe
多数食草动物也过着
qún jū shēng huó fēi zhōu dà cǎo
群居生活。非洲大草
yuán shang de bān mǎ qún huì yǒu
原上的斑马群，会有
xǔ duō shuāng yǎn jing hé bí kǒng jiān
许多双眼睛和鼻孔监
cè zhōu wéi de huán jìng yī kàn dào
测周围的环境，一看到
dí rén huò yī wén dào tā men
敌人或一闻到它们
de qì wèi bān mǎ qún jiù
的气味，斑马群就
néng jí shí táo bì
能及时逃避。

蜜蜂的大家庭

**蜂房**

蜂房由工蜂用自身携带的蜂蜡筑成。有的用来存放蜂后产下的卵；有的用来储藏蜂蜜。

## 动物的领地

qún jū de dòng wù dōu yǒu yī ge huò dà huò xiǎo de huó dòng kōng
群居的动物都有一个或大或小的活动空

jiān yī bān ér yán zài qī xī chǎng suǒ zhōng tóng zhǒng dòng wù qún
间。一般而言，在栖息场所中，同种动物群

jū de shù liàng bù yào tài duō yīn wèi shù liàng guò duō shí gè tǐ suǒ
居的数量不要太多，因为数量过多时，个体所

néng fēn dé de shí wù jiù huì xiāng duì jiào shǎo yīn ér dòng wù zài gè
能分得的食物就会相对较少。因而，动物在各

zì de huó dòng quān zhōng tōng cháng dōu huì huà dìng jiè xiàn zhè biàn shì
自的活动圈中，通常都会划定界限，这便是

dòng wù de lǐng dì
动物的领地。

### 魔法揭秘

qún jū shēng huó yǒu hěn duō hǎo chu yīn wèi kě yǐ yǒu xǔ duō shuāng yǎn jing hé ěr duo
群居生活有很多好处，因为可以有许多双眼睛和耳朵

tóng shí jǐng tì zhe zhōu wéi huán jìng néng gòu jí shí fā jué dí rén hái kě yǐ fēn dān zhí zé
同时警惕着周围环境，能够及时发觉敌人；还可以分担职责，

biàn yú tā men mì shí bìng yǎng yù hòu dài
便于它们觅食并养育后代。

羚羊的群居生活

jiàn zhù shī de bié shù
# 建筑师的“别墅”

dòng wù de jū suǒ
## 动物的居所

### 自然魔法书

zài wǒ guó guǎng xī
在我国广西
hé yún nán liǎng dì de nán
和云南两地的南
bù yǒu xǔ duō xiàng tǎ yī
部有许多像塔一
yàng sǒng lì zhe de jiàn zhù
样耸立着的“建筑
wù nà shì bái yǐ wèi zì
物”，那是白蚁为自
jǐ jiàn zào de bié shù rén men
己建造的“别墅”，人们
chēng tā wéi yǐ tǎ yǐ tǎ
称它为“蚁塔”。蚁塔
yī bān yǒu liǎng sān mǐ gāo zuì
一般有两三米高，最
gāo de jìng dá liù mǐ zhè zhǒng
高的竟达六米。这种
jiàn zhù hěn jiē shi jí shǐ zāo shòu
建筑很结实，即使遭受
fēng chuī yǔ lín yě bù huì dǎo tā
风吹雨淋也不会倒塌。

### 四通八达的地下宫殿——欧鼹的洞穴

ōu yǎn yī shēng dà bù fen shí jiān dōu zài dì xia dù guò
欧鼹一生大部分时间都在地下度过，
suǒ yǐ tā men de shì lì hěn chà dàn shì tā men què zài dì xia
所以它们的视力很差，但是它们却在地下
tōng xíng wú zǔ bǎ zì jǐ de dì xià gōng diàn jiàn zào de sì
通行无阻，把自己的地下宫殿建造得四
tōng bā dá ōu yǎn de qián zhuǎ xiàng yī duì xiǎo tiě chǎn zhè
通八达。欧鼹的前爪像一对小铁铲，这
shǐ tā men chéng wéi wā dòng gāo shǒu tā men zài dì xià wā
使它们成为挖洞高手。它们在地下挖
chū zòng héng jiāo cuò de dì dòng yòng lái bǔ zhuō shí wù měi gé
出纵横交错的地洞，用来捕捉食物；每隔
yī duàn shí jiān tā men jiù huì dào gè gè dì dòng qù xún chá
一段时间，它们就会到各个地洞去巡查，
chī xià diào zài dòng li de qiū yǐn huò qí tā chóng zi
吃下掉在洞里的蚯蚓或其他虫子。

**海底世界的“豪华别墅”**
美丽的珊瑚是由千千万万个珊瑚虫的尸骨堆积而成的。

## 六边形的迷宫——蜂巢

fēng cháo shì mì fēng wèi zì jǐ jiàn zào de bié shù tā men zài lǐ miàn shēng zhǎng fán zhí niàng zào
蜂巢是蜜蜂为自己建造的“别墅”，它们在里面生长繁殖，酿造
tián měi de fēng mì fēng cháo shì yóu wú shù ge liù biān xíng de fēng fáng zǔ chéng de kàn qǐ lái jiù xiàng yī zuò
甜美的蜂蜜。蜂巢是由无数个六边形的蜂房组成的，看起来就像一座
liù biān xíng de mí gōng fēng cháo li de měi ge fēng fáng de kǒng dòng hé dǐ bù dōu shì liù biān xíng fáng dǐ xiàng
六边形的迷宫。蜂巢里的每个蜂房的孔洞和底部都是六边形，房底像
liù ge jiǎo de zhuī zhuàng wù tǐ bāo kuò liù ge sān jiǎo xíng
六个角的锥状物体，包括六个三角形。

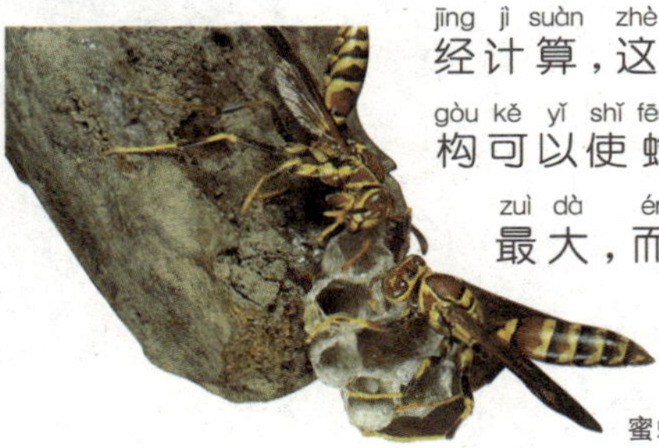

jīng jì suàn zhè zhǒng jiàn zhù jié gòu kě yǐ shǐ fēng cháo róng liàng zuì dà ér suǒ xū de jiàn zhù cái liào zuì shǎo
经计算，这种建筑结构可以使蜂巢容量最大，而所需的建筑材料最少。

蜜蜂正在建造巢穴。

蚁塔

蚁塔主要是用泥土以及少量的白蚁分泌物和排泄物建成的。据观察，蚁塔内通常有一个主巢和三五个副巢，巢里面又分了很多小室，塔内还有通气和防水的小管道。

### 魔法揭秘

bù tóng de jū suǒ xiǎn shì le dòng wù men gè zì dú
不同的居所显示了动物们各自独
tè de jiàn zhù cái néng yě fǎn yìng le tā men bù tóng
特的建筑才能，也反映了它们不同
de shēng huó xí xìng wèi tā men de shēng cún hé
的生活习性，为它们的生存和
shēng zhǎng tí gōng le hěn duō biàn lì
生长提供了很多便利。

欧鼹的地下宫殿

bù tóng xún cháng de yǔ yán

# 不同寻常的“语言”

dòng wù de yǔ yán

## 动物的语言

### 自然魔法书

chūn nuǎn huā kāi de
春暖花开的
jì jié xǔ duō mì fēng zài
季节，许多蜜蜂在
fēng cháo hé huā cóng jiān fēi
蜂巢和花丛间飞
lái fēi qù máng zhe cǎi jí
来飞去，忙着采集
huā mì huā fěn huā cóng li
花蜜、花粉。花丛里
zǒng shì wēng wēng yī piàn dào chù
总是嗡嗡一片，到处
shì mì fēng máng lù de shēn yǐng
是蜜蜂忙碌的身影，
hái yǒu yī xiē mì fēng zài yī páng
还有一些蜜蜂在一旁
bù tíng de tiào wǔ rán hòu jiù yǒu jǐ
不停地跳舞，然后就有几
zhī mì fēng cóng yuǎn chù gǎn lái jiā
只蜜蜂从远处赶来，加
rù cǎi mì de háng liè
入采蜜的行列。

狒狒

### 动物的鸣叫语言

xǔ duō dòng wù tōng guò fā
许多动物通过发
chū bù tóng de míng jiào shēng lái yǔ
出不同的鸣叫声来与
tóng bàn jìn xíng gōu tōng lì rú shēng huó zài shuǐ zhōng de
同伴进行沟通。例如，生活在水中的
jīng hé hǎi tún dōu shì tōng guò shēng yīn lái jìn xíng gōu tōng
鲸和海豚都是通过声音来进行沟通
de niǎo lèi yòng bù tóng de jiào shēng lái biǎo dá bù tóng de
的。鸟类用不同的叫声来表达不同的
yòng yì xī yǐn yì xìng de míng chàng fā xiàn dí rén shí
用意：吸引异性的鸣唱；发现敌人时
de jǐng gào shēng biàn shí zú qún de gē shēng zhuǎn yí qī
的警告声；辨识族群的歌声；转移栖
xī dì shí de lián luò shēng biǎo dá jiù shí jí hé qǐ
息地时的联络声，表达就食、集合、起
fēi děng yì si kūn chóng de míng jiào shēng dà bù fen dōu
飞等意思。昆虫的鸣叫声大部分都
shì xióng chóng fā chū de zhǔ yào yòng yú qiú ǒu rú xià
是雄虫发出的，主要用于求偶，如夏
rì lǐ de chán míng
日里的蝉鸣。

海豚在向同伴传达信息。

**跳舞的信息**

蜜蜂常采用跳舞的方式传达信息。当发现花蜜时，蜜蜂就振动翅膀或摇摆腹部跳舞，并画着圆圈，以通知同伴花粉、花蜜的所在地。

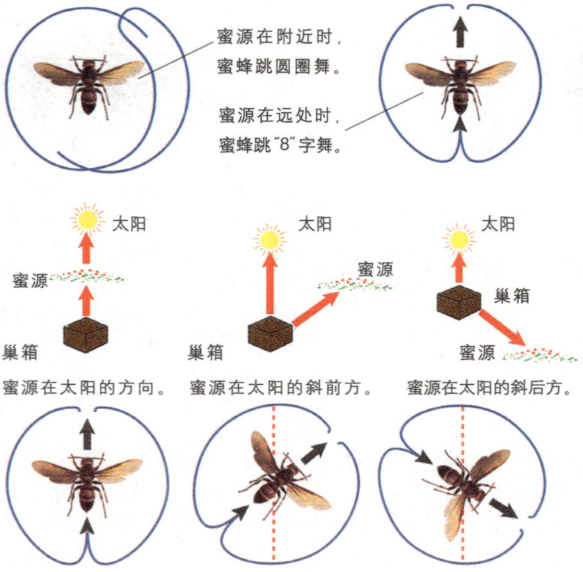

蜜蜂的舞蹈

## 动物的行为语言

chú le míng jiào yǐ wài dòng wù hái huì
除了鸣叫以外，动物还会
yòng gè zhǒng bù tóng de xíng wéi jìn xíng gōu
用各种不同的行为进行沟
tōng lì rú fèi fei kě yǐ yǒu shí jǐ
通。例如，狒狒可以有十几
zhǒng yǎn shén tā de méi mao yǎn jing zuǐ
种眼神，它的眉毛、眼睛、嘴
ba ěr duo wěi ba dōu kě yǐ zuò chū dòng
巴、耳朵、尾巴都可以做出动
zuò biǎo shì chū yǒu hǎo fèn nù děng gǎn qíng
作，表示出友好、愤怒等感情。
yú ér zhāng kāi qí yì jiù shì zài xiàng duì fāng
鱼儿张开鳍翼就是在向对方
biǎo shì wēi hè ér shōu suō qí yì zé shì zài
表示威吓，而收缩鳍翼则是在
xiàng duì fāng biǎo shì yǒu hǎo zài yā qún
向对方表示友好。在鸭群
li rú guǒ yǒu zhī cí yā zài bǎi dòng nǎo
里，如果有只雌鸭在摆动脑
dai nà me tā jiù shì zài zhǐ diǎn zì jǐ de
袋，那么它就是在指点自己的
bàn lǚ qù gōng jī mò shēng de xióng yā
伴侣去攻击陌生的雄鸭。

雄犀牛经常用在地上撒尿来标明自己的领地，警告其他的雄犀牛远离此处。

### 魔法揭秘

suī rán dòng wù méi yǒu xiàng rén lèi yǔ yán
虽然动物没有像人类语言
yí yàng de yǔ yán dàn shì tā men què néng lì yòng
一样的语言，但是它们却能利用
zì jǐ de shēng yīn xíng wéi hé huà xué qì wèi děng
自己的声音、行为和化学气味等
duō zhǒng fāng shì lái chuán dá xìn xī zhè xiē bù
多种方式来传达信息，这些不
tóng xún cháng de yǔ yán tóng yàng néng bāng zhù
同寻常的"语言"同样能帮助
tā men bǐ cǐ jìn xíng liáng hǎo de gōu tōng
它们彼此进行良好的沟通。

nán shě nán fēn de gòngshēng qíng jié
# 难舍难分的共生情结

dòng wù de hé zuò
## 动物的合作

寄居蟹

### 自然魔法书

zài měi lì de hǎi dǐ
在美丽的海底

shì jiè jì jū xiè cháng jì
世界，寄居蟹常寄

jū zài kōng de xiǎo luó ké
居在空的小螺壳

li zài hǎi dǐ sì chù yóu
里，在海底四处游

dòng ér hǎi kuí zuì xǐ huan
动。而海葵最喜欢

xī fù zài yī xiē kōng de xiǎo luó
吸附在一些空的小螺

ké shang yú shì hǎi kuí hé jì
壳上。于是，海葵和寄

jū xiè jiù yǒu le nán shě de gòng
居蟹就有了难舍的共

shēng qíng jié hǎi kuí kào jì jū xiè
生情结，海葵靠寄居蟹

de yóu dòng huò dé shí wù huò chī jì jū
的游动获得食物或吃寄居

xiè de cán liú shí wù jì jū xiè dài zhe
蟹的残留食物，寄居蟹带着

hǎi kuí zhōu yóu hǎi dǐ shì jiè
海葵周游海底世界。

### 动物之间的共栖

gòng qī shì zhǐ liǎng zhǒng shēng wù shēng huó zài yī qǐ
共栖是指两种生物生活在一起，

qí zhōng yī fāng shòu yì lìng yī fāng wú lì dàn yě wú hài de
其中一方受益，另一方无利但也无害的

yī zhǒng guān xì shēng wù gòng qī xiàn xiàng shì duō zhǒng duō
一种关系。生物共栖现象是多种多

yàng de yǒu de shì cháng shí jiān shēng huó zài yī qǐ yǒu de
样的，有的是长时间生活在一起，有的

shì zàn shí shēng huó zài yī qǐ dòng wù zhī jiān de gòng qī
是暂时生活在一起。动物之间的共栖

xiàn xiàng bǐ jiào duō jiàn lì rú yú xī zài shā yú shēn shang
现象比较多见，例如，鱼吸在鲨鱼身上，

suí shā yú yóu dòng yǐ shā yú chī shèng de shí wù wéi shí
随鲨鱼游动，以鲨鱼吃剩的食物为食。

hǎi yáng zhōng de xiǎo zhū yú cháng cháng yǔ hǎi shēn huò mǔ lì
海洋中的小珠鱼常常与海参或牡蛎

shēng huó zài yī qǐ shùn biàn fēn xiǎng tā men de liè huò wù
生活在一起，顺便分享它们的猎获物。

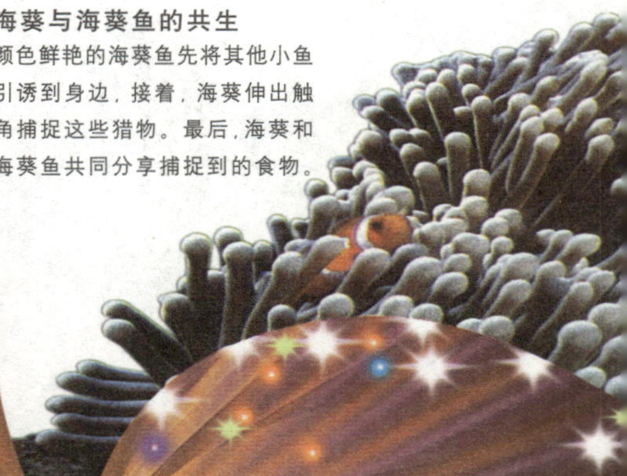

**海葵与海葵鱼的共生**

颜色鲜艳的海葵鱼先将其他小鱼引诱到身边，接着，海葵伸出触角捕捉这些猎物。最后，海葵和海葵鱼共同分享捕捉到的食物。

## 动物之间的互利共生

liǎng zhǒng shēng wù zài yī qǐ shēng huó zài
两种生物在一起生活，在
yíng yǎng shang hù xiāng yī lài cháng qī gòng shēng
营养上互相依赖，长期共生，
shuāng fāng yǒu lì chēng wéi hù lì gòng shēng dòng
双方有利，称为互利共生。动
wù zhī jiān zuì cháng jiàn de hù lì gòng shēng guān xì
物之间最常见的互利共生关系
jiù shì yuán shǐ xié zuò guān xì yòu chēng wéi hù huì
就是原始协作关系，又称为互惠，
jí liǎng ge dòng wù shēng huó zài yī qǐ shí bǐ cǐ yǒu
即两个动物生活在一起时彼此有
lì dāng tā men fēn kāi hòu gè zì dōu néng zhèng
利，当它们分开后，各自都能正
cháng shēng huó liǎng zhě zhī jiān xíng chéng zàn shí de
常生活，两者之间形成暂时的
hé zuò guān xì lì rú xī niú niǎo hé xī niú jiù
合作关系，例如，犀牛鸟和犀牛就
shì diǎn xíng de hù lì gòng shēng
是典型的互利共生。

**犀牛鸟**
犀牛鸟喜欢吃犀牛身上的扁虱和其他寄生虫，因此它们常停在犀牛的身上，到处找这些寄生虫吃。

**犀牛**
当有大型猛兽出现时，犀牛鸟会发出一种很小的警告声，犀牛便会警惕起来，并及早做好反击或逃跑的准备。

犀牛鸟经常成群地栖息在犀牛的背上，啄食犀牛背上的寄生虫，让犀牛感到浑身舒服。

犀牛和犀牛鸟的共生

千鸟经常跳进鲨鱼的嘴里，啄食鲨鱼牙齿上的食物残渣。这样，鲨鱼清洁了口腔，千鸟也填饱了肚子。

海葵与寄居蟹的共栖

## 魔法揭秘

qí shí dòng wù zhī jiān xuǎn zé hé zuò gòng shēng shì wèi le
其实，动物之间选择合作共生是为了
néng gèng hǎo de shēng cún zhè zhǒng hé zuò bù huì shǐ shuāng fāng
能更好地生存，这种合作不会使双方
de lì yì shòu sǔn fǎn ér duì shuāng fāng yǒu lì
的利益受损，反而对双方有利。
zhè shì tā men zài cháng qī de shēng cún jìn
这是它们在长期的生存进
huà zhōng zuò chū de shēng cún xuǎn zé
化中做出的生存选择。

# 美丽的“孔雀开屏”

## 动物的“求爱”

### 自然魔法书

雄孔雀有着美丽的长尾，平时把尾屏折叠，拖在身后。但是当雄孔雀求爱时，它们就会昂首阔步，展开尾屏，展露色彩斑斓的羽毛，同时发出响亮尖锐的叫声，呼唤雌孔雀注意它独一无二的美丽。

### 鸣声“求爱”

雨后蛙鸣原来是蛙在传达“求爱”的信息。

鸣声求爱是动物最常用的“求爱”方式，自然界随处都能听到雄性动物发出的各种声音，其中一部分声音就是表达“爱情”的信号。夏日雨后，田野里经常传来一片蛙声。原来，雄蛙集体蹲在河流或池塘里，鼓起腮来呱呱大叫，用叫声吸引雌蛙来到交配产卵的地点。一群雄蛙在一起大合唱时，还有一个合唱指挥呢！

## 格斗"求爱"

除了鸣声示爱，很多动物也会采用格斗的形式"求爱"，展示自己强健的身体。例如，雄鹿虽然身披光彩的外衣，但是它们在求爱时经常靠头顶坚硬的鹿角与竞争者进行格斗。每当秋末冬初，鹿角刚刚硬化，两只雄鹿相遇就有可能展开激烈的格斗，胜利者将夺取失败者的配偶。体格健壮的雄鹿获得"佳人倾心"后，就开始繁殖下一代。

雄孔雀

雄孔雀开屏是为了吸引雌孔雀的注意。

公白鹭为取得母白鹭的芳心，从地面打到树上，又上升到空中。

雌孔雀

美丽的雄鹿经常靠格斗来赢取雌鹿的"芳心"。

### 魔法揭秘

在动物世界，雄性动物向雌性动物"求爱"的方式多种多样，不仅有鸣声"求爱"、格斗"求爱"，还有舞蹈、唱"情歌"、馈赠礼物等许多方式呢。

gē zi de shén mù

# 鸽子的“神目”

dòng wù de gǎn guān

## 动物的感官

### 自然魔法书

gē zi shì yī zhǒng
鸽子是一种
shén qí de niǎo ér tā yǒu
神奇的鸟儿，它有
zhe yī shuāng dòng chá wàn
着一双洞察万
wù de yǎn jing néng gòu zài
物的眼睛，能够在
zhǎo mù biāo hé duǒ bì dí
找目标和躲避敌
hài jiǔ bié guī lái hòu tā néng
害。久别归来后，它能
cóng xǔ xǔ duō duō de niǎo cháo
从许许多多的鸟巢
zhōng zhǎo dào zì jǐ de cháo xué
中找到自己的巢穴，
cóng chéng qiān shàng wàn zhī gē zi
从成千上万只鸽子
zhōng rèn chū zì jǐ de bàn lǚ tā
中认出自己的伴侣。它
de yǎn jing zhēn shén qí a
的眼睛真神奇啊！

### 灵敏的嗅觉

xǔ duō dòng wù de xiù jué dōu fēi cháng líng mǐn tā
许多动物的嗅觉都非常灵敏，它
men píng jiè xiù jué lái gǎn zhī wàn wù rú biàn bié kōng qì
们凭借嗅觉来感知万物。如辨别空气
zhōng de huà xué chéng fèn xún zhǎo shí wù lái yuán bìng yǔ qí
中的化学成分，寻找食物来源，并与其
tā dòng wù lián luò jù yán jiū yī zhī dé guó láng gǒu yǒu
他动物联络。据研究，一只德国狼狗有
yì ge xiù jué xì bāo ér rén lèi zhǐ yǒu wàn ge
2.2亿个嗅觉细胞，而人类只有500万个，
dé guó láng gǒu zhēn chá qì wèi de néng lì gāo chū rén lèi
德国狼狗侦察气味的能力高出人类100
wàn bèi cí hú dié shēn shang de quán bù xiāng yè jiā qǐ lái
万倍。雌蝴蝶身上的全部香液加起来
yě bù guò cái háo kè ér tā zhǐ yào xiàng kōng qì
也不过才1/1000毫克，而它只要向空气
zhōng pēn chū qí zhōng de yī
中喷出其中的一
bù fen qiān mǐ wài
部分，14千米外
de xióng dié jiù néng xiù
的雄蝶就能嗅
dào xiāng wèi
到香味。

求偶季节到来时，蝴蝶凭借嗅觉辨别异性同类的位置。

在高空飞行时，鸟类竟然还能发现地面上爬行的蜥蜴或甲虫。据研究，鸟类的视力比人类要锐利8倍左右。

## 奇特的听觉

狗的嗅觉异常灵敏。

yǒu xiē dòng wù kào tīng jué lái pàn duàn zhōu wéi
有些动物靠听觉来判断周围
huán jìng de biàn huà jué chá dào kàn bù jiàn de dōng xi
环境的变化，觉察到看不见的东西。
biān fú jiù jù yǒu qí tè de tīng jué zài quán hēi de dì fang
蝙蝠就具有奇特的听觉。在全黑的地方，
biān fú huì fā chū gāo pín lǜ de jiān jiào shēng zhè zhǒng jiān
蝙蝠会发出高频率的尖叫声，这种尖
jiào shēng yǒu xiē rén lèi néng tīng dào yǒu xiē zé tīng bù dào píng
叫声有些人类能听到，有些则听不到。凭
zhe jiān jiào shēng de huí yīn biān fú men jiù néng kào zì jǐ de huí shēng dìng
着尖叫声的回音，蝙蝠们就能靠自己的回声定
wèi xì tǒng zhǔn què de cè chū qián fāng liè wù jí zhàng ài wù de
位系统准确地测出前方猎物及障碍物的
wèi zhì hé dà xiǎo yǒu le zhè tào huí shēng dìng wèi xì tǒng biān
位置和大小。有了这套回声定位系统，蝙
fú men kě yǐ chéng qún
蝠们可以成群
chū dòng zì yóu de fēi
出动，自由地飞
lái fēi qù què hù bù
来飞去却互不
xiāng zhuàng
相撞。

蝙蝠依靠自身的回声定位系统测定食物的位置。

## 魔法揭秘

zài biàn huàn mò cè de shēng cún huán jìng zhōng gè
在变幻莫测的生存环境中，各
zhǒng dòng wù píng jiè zì jǐ de gǎn guān dé dào de xìn
种动物凭借自己的感官得到的信
xī qù liè shí hé táo bì wēi xiǎn měi zhǒng dòng wù
息去猎食和逃避危险，每种动物
dōu yǒu zì jǐ de yōu shì gǎn guān lì rú
都有自己的优势感官，例如
gē zi de shì jué gǒu de xiù jué děng
鸽子的视觉，狗的嗅觉等。

qí tè de yù ér fāng shì
# 奇特的育儿方式

dòng wù de fán zhí
## 动物的繁殖

### 自然魔法书

ōu zhōu xī bù yǒu
欧洲西部有
yī zhǒng chǎn pó wā cí
一种产婆蛙，雌
wā chǎn luǎn shí xióng wā fú
蛙产卵时，雄蛙伏
zài tā de bèi shang bǎ cí
在它的背上，把雌
wā chǎn chū de luǎn tiáo zhān zài
蛙产出的卵条粘在
zì jǐ de hòu tuǐ shang cóng cǐ dān
自己的后腿上，从此担
fù qǐ zhào gù xiǎo bǎo bǎo de zé
负起照顾小宝宝的责
rèn ào dà lì yà sēn lín zhōng
任。澳大利亚森林中
de shuǐ táng li yǒu zhǒng qí guài de
的水塘里，有种奇怪的
qīng wā xiǎo qīng wā jìng rán shì zài mā
青蛙，小青蛙竟然是在妈
ma de wèi li zhǎng dà de
妈的胃里长大的。

### 卵生

鸟类是卵生动物。

luǎn shēng dòng wù chǎn xià luǎn luǎn jiù zài mǔ tǐ wài fā yù bìng fū huà zhè xiē luǎn zài lí kāi mǔ tǐ qián jiù yǐ shòu jīng huò zhě yī chǎn xià jiù shòu jīng
卵生动物产下卵，卵就在母体外发育并孵化，这些卵在离开母体前就已受精，或者一产下就受精。

luǎn shēng dòng wù de pēi tāi zài fā yù guò chéng zhōng suǒ xū yào de yíng yǎng wán quán kào luǎn zì shēn lái tí gōng zhè lèi dòng wù de luǎn yī bān bǐ jiào dà zhè yàng suǒ hán de yíng yǎng wù zhì jiù bǐ jiào duō kūn chóng niǎo jué dà duō shù yú hé pá xíng dòng wù dōu shì luǎn shēng de
卵生动物的胚胎在发育过程中所需要的营养完全靠卵自身来提供。这类动物的卵一般比较大，这样所含的营养物质就比较多。昆虫、鸟、绝大多数鱼和爬行动物都是卵生的。

雌龟产下的卵

## 胎生

胎生动物的受精卵在母体子宫内发育，通过胎盘从母体中获取营养，直到发育成胎儿，从母体产出为止。与卵生动物相比，胎生动物在母体中发育能够及时获取营养物质，得到母体的保护，这样就能减少外界不利因素对自身发育的影响，成活率大大提高。大多数哺乳动物都是胎生动物。胎儿出生后，在母亲的抚育下逐渐长大。

胎生的小猫

### 魔法揭秘

为了能使后代获得更好的生存机会，各种生物在长期的生存演化中形成了各自的繁殖方式，不同的动物也有不同的育儿方法。

长颈鹿的幼仔在成年长颈鹿的抚育下成长。

tiǎo zhàn shēng mìng de jí xiàn
# 挑战生命的极限

dòng wù de shēng cún běn lǐng
## 动物的生存本领

### 自然魔法书

zài tiān hán dì dòng de nán jí bīng xuě shì jiè li, qǐ é men jiù xiàng yī gè ge bīn bīn yǒu lǐ de shēn shì shì de, áng shǒu kuò bù zài bīng liáng de xuě dì shang. zài yán rè gān hàn de shā mò li, méi yǒu shuǐ hē de luò tuo men cǎi zhe gǔn tàng de shā zi, yī rán zài xíng zǒu. tā men zài è liè de huán jìng xià shì zěn yàng shēng cún de ne?

在天寒地冻的南极冰雪世界里，企鹅们就像一个个彬彬有礼的绅士似的，昂首阔步在冰凉的雪地上。在炎热干旱的沙漠里，没有水喝的骆驼们踩着滚烫的沙子，依然在行走。它们在恶劣的环境下是怎样生存的呢？

### 战胜严寒

生活在南极大陆上的帝企鹅，为了防寒，喜欢聚集在一起。

shēnghuó zài nán jí de qǐ é yǒu tā men dú tè de yù hán běn lǐng. qǐ é quán shēn jūn yún de bù mǎn le yǔ máo, zài jiù de yǔ máo hái méi yǒu tuō luò de shí hou, xīn de yǔ máo yòu zhǎng chū lái le. zhèyàng, xīn jiù yǔ máo céng céng dié dié, hán fēng lěng qì jiù chuī bù jìn qù le. lìng wài, qǐ é pí fū xià miàn de zhī fáng céng tè bié hòu, néng gòu bǎo chí shēn tǐ wēn dù de wěn dìng. dāng qì wēn xià jiàng dào -10°C shí, qǐ é huì jiàng dī xiāo hào, cóng ér jié shěng rè liàng.

生活在南极的企鹅有它们独特的御寒本领。企鹅全身均匀地布满了羽毛，在旧的羽毛还没有脱落的时候，新的羽毛又长出来了。这样，新旧羽毛层层叠叠，寒风冷气就吹不进去了。另外，企鹅皮肤下面的脂肪层特别厚，能够保持身体温度的稳定。当气温下降到-10℃时，企鹅会降低消耗，从而节省热量。

**牦牛**

生活在青藏高原上的牦牛，耐旱负重，不怕冰雪路滑，终年替人驮粮食、布匹等，往来运输，被称为“高原之舟”。

## 对付干旱

shēng huó zài shā mò li de dòng wù dōu yǒu yī
生活在沙漠里的动物，都有一
tào duì fu gān hàn de bàn fǎ bǐ rú luò tuo jiù tè
套对付干旱的办法。比如骆驼，就特
bié nài hàn tā de shēn tǐ yǒu chǔ shuǐ de gōng néng
别耐旱。它的身体有储水的功能，
yǒu shuǐ shí luò tuo kě yī cì yǐn qiān kè de shuǐ
有水时，骆驼可一次饮10千克的水，
zhè xiē shuǐ chǔ cún zài wèi lǐ miàn yǐ yìng fù méi yǒu shuǐ
这些水储存在胃里面，以应付没有水
de qíng kuàng qí cì luò tuo de xuè jiāng zhōng yǒu yī
的情况。其次，骆驼的血浆中有一
zhǒng tè shū de dàn bái zhì néng wéi chí xuè jiāng zhōng de
种特殊的蛋白质，能维持血浆中的
shuǐ fèn lìng wài luò tuo hěn shǎo pái niào yě hěn
水分。另外，骆驼很少排尿，也很
shǎo chū hàn suǒ yǐ luò tuo néng gòu cháng nián shēng
少出汗，所以骆驼能够常年生
huó zài quē shuǐ de shā
活在缺水的沙
mò li
漠里。

**鸵鸟**

鸵鸟原产于干旱、贫瘠的沙漠地带，能适应各种恶劣气候，耐高温、高热和干旱。

**骆驼**

即使不喝水，骆驼也可以生活好几天。

### 魔法揭秘

dòng wù men zhī suǒ yǐ néng zài è liè de huán jìng xià shēng cún shì yīn wèi tā men zài
动物们之所以能在恶劣的环境下生存，是因为它们在
shēng cún dòu zhēng zhōng liàn jiù le yī tào dú tè de shēng cún běn lǐng
生存斗争中练就了一套独特的生存本领。

# 第三章

# 天空的变奏

广阔的天空像一个巨大的银幕，不知后面藏着哪一位神秘的魔术师，不断地给我们表演着各种奇妙而又美丽的魔术。你看，那云彩，一会儿像一簇簇纤白的羽毛，一会儿又像蘑菇和山峦，一会儿又像一群奔腾的骏马……有时，整个大地笼罩在一片朦胧的面纱里，就像美丽的童话世界。忽然，伴随着一阵阵“金鼓”和“响锣”声，一道闪亮的金光从天而降，随后撒下一粒粒银色的珠子，这是魔术师送给我们的礼物吗？如果运气好，我们还可以观赏到绚丽的彩虹、梦幻的日晕或月晕、奇异的极光和神秘的海市蜃楼……

biàn huàn mò cè de yún

# 变幻莫测的云

yún de xíng chéng

## 云的形成

各种各样的云

飞机云

### 自然魔法书

zài lán sè de tiān
在蓝色的天
mù shang yún cai bù duàn de
幕上，云彩不断地
biàn huàn zhe zì jǐ měi lì
变幻着自己美丽
de shēn yǐng tā yǒu shí xiàng
的身影，它有时像
yī cù cù jié bái de yǔ máo
一簇簇洁白的羽毛，
yǒu shí xiàng yī qún qún mián yáng
有时像一群群绵羊，
yǒu shí xiàng shān luán yǒu shí xiàng
有时像山峦，有时像
mó gu yǒu shí yòu xiàng wàn mǎ
蘑菇，有时又像万马
bēn téng zǒng shì ràng rén chōng mǎn
奔腾……总是让人充满
xiá xiǎng
遐想。

### 云的形成

dì miàn shang de shuǐ zǒng shì
地面上的水总是
zài bù duàn de zhēng fā chéng shuǐ qì
在不断地蒸发成水汽。
hán yǒu shuǐ qì de shī kōng qì zài shàng
含有水汽的湿空气，在上
shēng guò chéng zhōng yóu yú yào hào qù zì
升过程中，由于要耗去自
shēn de rè liàng yīn cǐ wēn dù yuè lái yuè dī
身的热量，因此，温度越来越低。
rú guǒ dī yú shuǐ qì jiù huì biàn chéng bīng
如果低于0℃，水汽就会变成冰
jīng tā men jí zhōng zài yī qǐ shòu shàng shēng
晶。它们集中在一起，受上升
qì liú de zhī tuō piāo fú zài kōng zhōng jiù
气流的支托，飘浮在空中，就
chéng wéi wǒ men jiàn dào
成为我们见到
de yún
的云。

积雨云

积雨云由浓积云发展而来，内部有强烈的上升气流，常伴有雷雨。

雨层云

一种遮天蔽日而呈暗灰色的云，常在低气压中心和锋面附近发生。

## 各种各样的云

天空的云朵千变万化，可以分成几类。根据距离地面的高度，云被分为高云、中云、低云和直展云四种类型。高云在6000米以上，包括卷云、卷层云、卷积云；中云在2500米至6000米之间，分为高层云和高积云；低云低于2500米，分为层积云、层云和积雨云；直展云低于2000米，包括积云和雨层云。

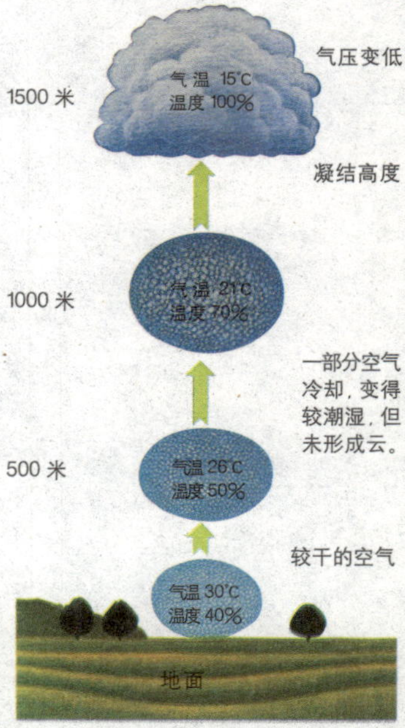


云的形成

### 魔法揭秘

空气中的小水滴和水汽凝结生成的极细小的冰晶聚集在一起就形成了云。

zhèn ěr yù lóng de pī lì
# 震耳欲聋的“霹雳”

léi diàn de chǎn shēng
## 雷电的产生

### 自然魔法书

zài wū yún mì bù de
在乌云密布的
tiān qì li yī dào dào lì
天气里，一道道利
jiàn shì de shǎn diàn cì pò
剑似的闪电刺破
tiān kōng hōng lōng lōng de léi
天空，轰隆隆的雷
shēng suí zhī ér lái jiù xiàng
声随之而来，就像
fèn nù de tiān gōng yào niǎn suì zhè
愤怒的天公要碾碎这
chén shì shang de yī qiè nà jǐng
尘世上的一切，那景
xiàng zhēn shì ràng rén dǎn zhàn xīn
象真是让人胆战心
jīng a léi diàn jiū jìng shì zěn
惊啊！“雷电”究竟是怎
me huí shì ne
么回事呢？

### 雷电的本质

léi diàn shì yī zhǒng dà qì fàng diàn xiàn xiàng duō chǎn shēng
雷电是一种大气放电现象，多产生
yú jī yǔ yún zhōng jī yǔ yún de bù tóng bù wèi jù jí zhe
于积雨云中。积雨云的不同部位聚集着
zhèng fù diàn hè dì miàn yīn shòu jī yǔ yún diàn hè gǎn yìng de yǐng
正负电荷，地面因受积雨云电荷感应的影
xiǎng dài le yǔ yún céng bù tóng de diàn hè zhèng fù diàn hè jù
响带了与云层不同的电荷。正负电荷聚
jí dào yī dìng chéng dù shí jiù huì yǐ shǎn diàn de xíng shì bǎ
集到一定程度时，就会以闪电的形式把
néng liàng shì fàng chū lái ér yún céng yǔ dì miàn zhī jiān de kōng
能量释放出来。而云层与地面之间的空
qì shòu rè péng zhàng hòu fā chū de jù dà xiǎng shēng jiù shì léi shēng
气受热膨胀后发出的巨大响声就是雷声。

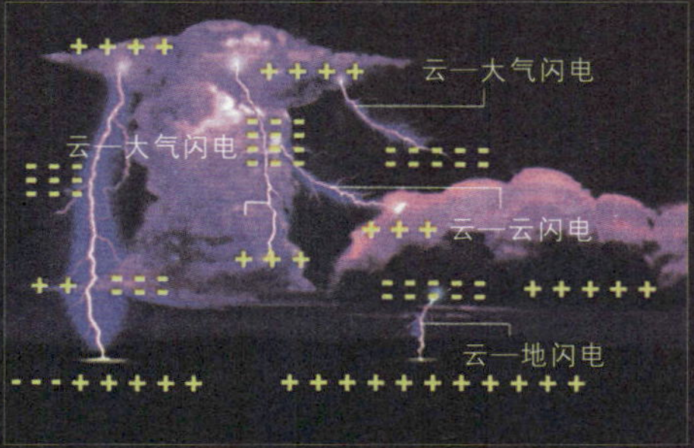


**雷电的发生**
闪电可在云内、云与云间、云与地面间产生，其中云内、云与云间闪电占大部分，而云与地面间的闪电仅占1/6，但对人类危害最大。

线状闪电

带状闪电

片状闪电

## 奇形怪状的闪电

闪电最常见的形式是线状，偶尔也会呈带状、叉状、链状、球状等。曲折开叉的闪电称为线状闪电。平行的闪电，称为带状闪电。闪电在云中闪烁，使全地区的天空一片光亮时，那便是片状闪电。链状闪电色彩绚丽，有时也会出现串串珍珠似的闪电，奇特壮观。

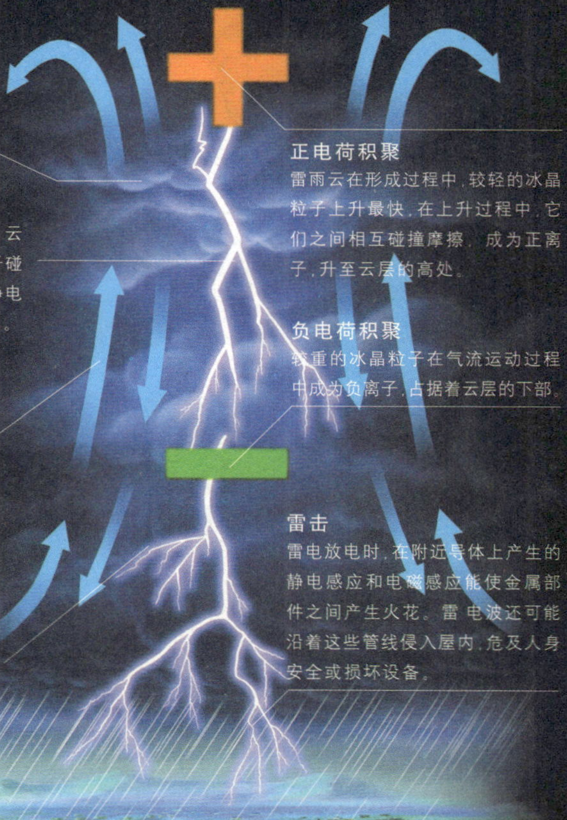

**雷雨云**
人们通常把发生闪电的云称为雷雨云，其实有几种云都与闪电有关，如层积云、雨层云、积云等。

**闪电的发生**
当天空中出现浓厚的雷雨云时，云内部强大的空气流使冰和水分子碰撞在一起，产生了静电荷。当静电荷被释放时，人们就看到了闪电。

**气流对流**
雷雨云在形成过程中，气流呈强烈的垂直对流状态。上升气流将水汽凝结而出现雾滴，就形成了云。

**放电**
当正负电荷积聚到一定程度，就会在云与云之间或云与地之间发生放电。这就好像两根高压电极在靠近到一定的距离时，在它们之间就会出现电火花，形成所谓的"弧光放电"现象。与弧光放电不同的是，闪电是转瞬即逝，而电极之间的火花却可以长时间存在。

**正电荷积聚**
雷雨云在形成过程中，较轻的冰晶粒子上升最快，在上升过程中，它们之间相互碰撞摩擦，成为正离子，升至云层的高处。

**负电荷积聚**
较重的冰晶粒子在气流运动过程中成为负离子，占据着云层的下部。

**雷击**
雷电放电时，在附近导体上产生的静电感应和电磁感应能使金属部件之间产生火花。雷电波还可能沿着这些管线侵入屋内，危及人身安全或损坏设备。

## 魔法揭秘

雷电是一种大气放电现象。当云层中的电荷积聚到一定程度的时候，便会以电闪雷鸣的方式释放出来。

liú dòng de kōng qì
# 流动的空气

## 自然魔法书

chūn tiān fēng ér jiù
春天，风儿就
xiàng mā ma de shuāng shǒu
像妈妈的双手
qīng qīng de fǔ mō zhe wǒ
轻轻地抚摸着我
men xià tiān tiān qì rè
们；夏天，天气热
le fēng ér jiù xiàng wǒ men
了，风儿就像我们
de diàn fēng shàn wèi wǒ men
的电风扇，为我们
dài lái sī sī liáng yì qiū tiān
带来丝丝凉意；秋天，
fēng ér chuī huáng le lǜ yè chuī
风儿吹黄了绿叶，吹
hóng le guǒ shí dōng tiān fēng ér jì
红了果实；冬天，风儿继
xù chuī zhe zhí dào chuī xǐng nèn yá
续吹着，直到吹醒嫩芽、
chuī huà jī xuě
吹化积雪……

fēng de xíng chéng
## 风的形成

这棵树在生长过程中长期受到固定方向的风吹，所以树枝歪向了一边。

### 风的形成

fēng shì yī zhǒng liú dòng
风是一种流动
de kōng qì rú guǒ kōng qì liú
的空气。如果空气流
dòng de jiào màn jiù xíng chéng wēi
动得较慢，就形成微
fēng kōng qì liú dòng de bǐ jiào kuài jiù xíng chéng qiáng
风。空气流动得比较快，就形成强
fēng bù guǎn shì wēi fēng hái shì qiáng fēng tā men de xíng
风。不管是微风还是强风，它们的形
chéng guò chéng dōu shì yī yàng de dì qiú shang gè gè dì fang
成过程都是一样的。地球上各个地方
zài xī shōu tài yáng rè liàng de shí hou yóu yú gè gè bù wèi
在吸收太阳热量的时候，由于各个部位
shòu rè bù jūn yún kōng qì de lěng nuǎn chéng dù bù yī yàng
受热不均匀，空气的冷暖程度不一样，
nuǎn kōng qì shòu rè shàng shēng lěng kōng qì lěng què xià jiàng
暖空气受热上升，冷空气冷却下降，
zhè yàng lěng nuǎn kōng qì chǎn shēng liú dòng biàn xíng
这样，冷暖空气产生流动，便形
chéng le fēng
成了风。

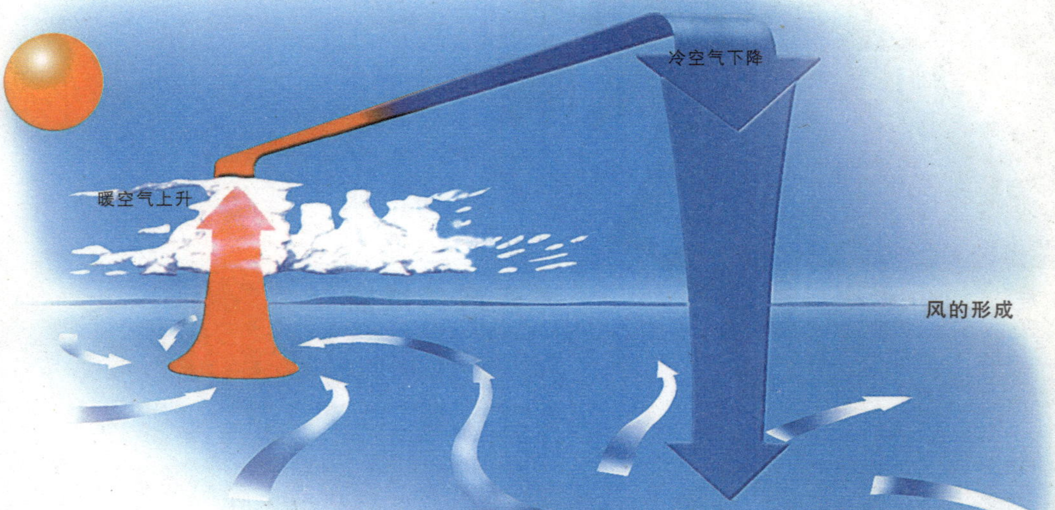


## 季风

海风

xià tiān lù dì bǐ hǎi yáng wēn dù shàng shēng kuài lù dì shang de rè kōng qì shàng shēng hǎi yáng shang shī rùn liáng shuǎng de kōng qì guò lái bǔ chōng zhì shǐ fēng cóng hǎi yáng chuī xiàng lù dì xíng chéng xià jì fēng dōng tiān lù dì bǐ hǎi yáng jiàng wēn kuài hǎi yáng shang de rè kōng qì shàng shēng lù dì shang gān zào hán lěng de kōng qì guò lái bǔ chōng zhì shǐ fēng cóng lù dì chuī xiàng hǎi yáng xíng chéng dōng jì fēng zhè zhǒng suí jì jié biàn huà de fēng jiù shì jì fēng

夏天，陆地比海洋温度上升快，陆地上的热空气上升，海洋上湿润、凉爽的空气过来补充，致使风从海洋吹向陆地，形成夏季风。冬天，陆地比海洋降温快，海洋上的热空气上升，陆地上干燥、寒冷的空气过来补充，致使风从陆地吹向海洋，形成冬季风。这种随季节变化的风就是季风。

## 魔法揭秘

yóu yú zhōu wéi de kōng qì zài bù duàn de yùn dòng zhe suǒ yǐ wǒ men yī nián sì jì zǒng néng gǎn jué dào fēng

由于周围的空气在不断地运动着，所以我们一年四季总能感觉到风。

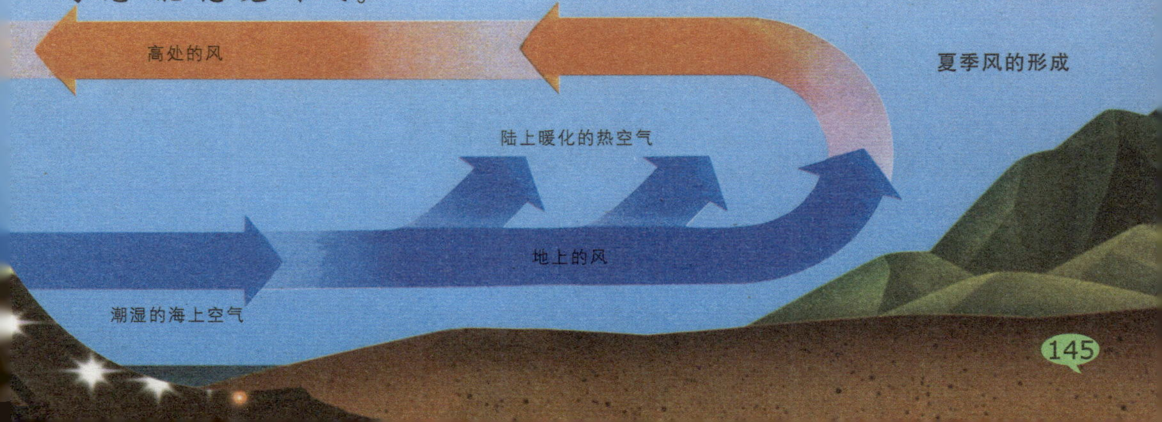

hǎo xià rén de fēng a
# 好吓人的风啊

lóng juǎn fēng de chéng yīn
## 龙卷风的成因

### 自然魔法书

zài měi guó kē huàn
在美国科幻
diàn yǐng li cháng cháng huì
电影里，常常会
chū xiàn xià rén de fēng tā
出现吓人的风。它
xiàng yī ge yì cháng jù dà
像一个异常巨大
de xī bèng yī yàng jiāng suǒ chù
的吸泵一样，将所触
jí de shuǐ shā chén shù mù děng
及的水、沙尘、树木等
xí juǎn ér qǐ suǒ dào zhī chù
席卷而起，所到之处，
hǒu shēng rú léi jiàn zhù wù fā
吼声如雷，建筑物发
shēng bào zhà tiān kōng zhōng fēi wǔ zhe
生爆炸，天空中飞舞着
suì wù zhè jiù shì ràng rén wén fēng sàng
碎物，这就是让人闻风丧
dǎn de lóng juǎn fēng
胆的龙卷风！

### 龙卷风的成因

lóng juǎn fēng de xíng chéng tiáo jiàn fù zá duō yàng zài
龙卷风的形成条件复杂多样，在
tái fēng dì zhèn huǒ shān bào fā děng qíng kuàng xià hěn kě
台风、地震、火山爆发等情况下很可
néng shēng chéng zài gāo wēn gāo shī de bù wěn dìng qì
能生成。在高温、高湿的不稳定气
tuán zhōng kōng qì rǎo dòng de lì hai shàng xià wēn dù xiāng
团中，空气扰动得厉害，上下温度相
chā xuán shū zhè zhǒng wēn dù chā shǐ lěng kōng qì jí jù
差悬殊。这种温度差使冷空气急剧
xià jiàng rè kōng qì xùn sù shàng shēng shàng xià céng kōng qì
下降，热空气迅速上升，上下层空气
duì liú sù dù guò kuài cóng ér xíng chéng xuán zhuǎn gǔn dòng
对流速度过快，从而形成旋转滚动
de xiǎo xuán wō dāng xiǎo xuán
的小旋涡。当小旋
wō kuò dà zài jiā shàng jī
涡扩大，再加上激
liè de zhèn dàng jiù xíng
烈的震荡，就形
chéng le lóng juǎn fēng
成了龙卷风。

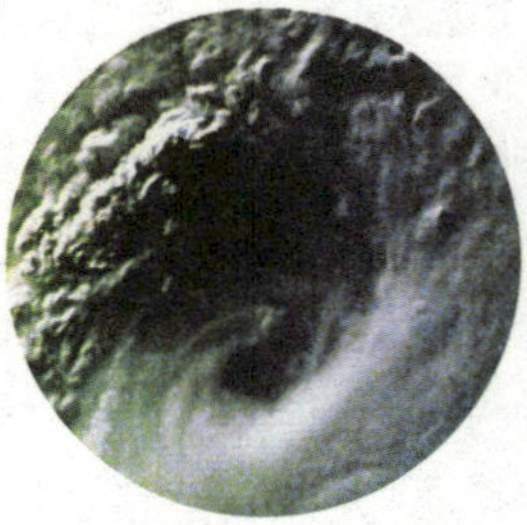

卫星拍摄的龙卷风风眼图

## 各种各样的龙卷风

人们通常把发生在陆地上的龙卷风称为陆龙卷，发生在海面上的龙卷风称为海龙卷。海龙卷威力较小，但持续时间长。经常给人类造成生命财产损失的主要是陆龙卷。龙卷风的外形各不相同，它最常见的形状像一个巨大的漏斗，从云中伸向地面，渐渐变宽，因此又被称为漏斗云。

龙卷风常常伴随着大量碎片。

龙卷风形成示意图

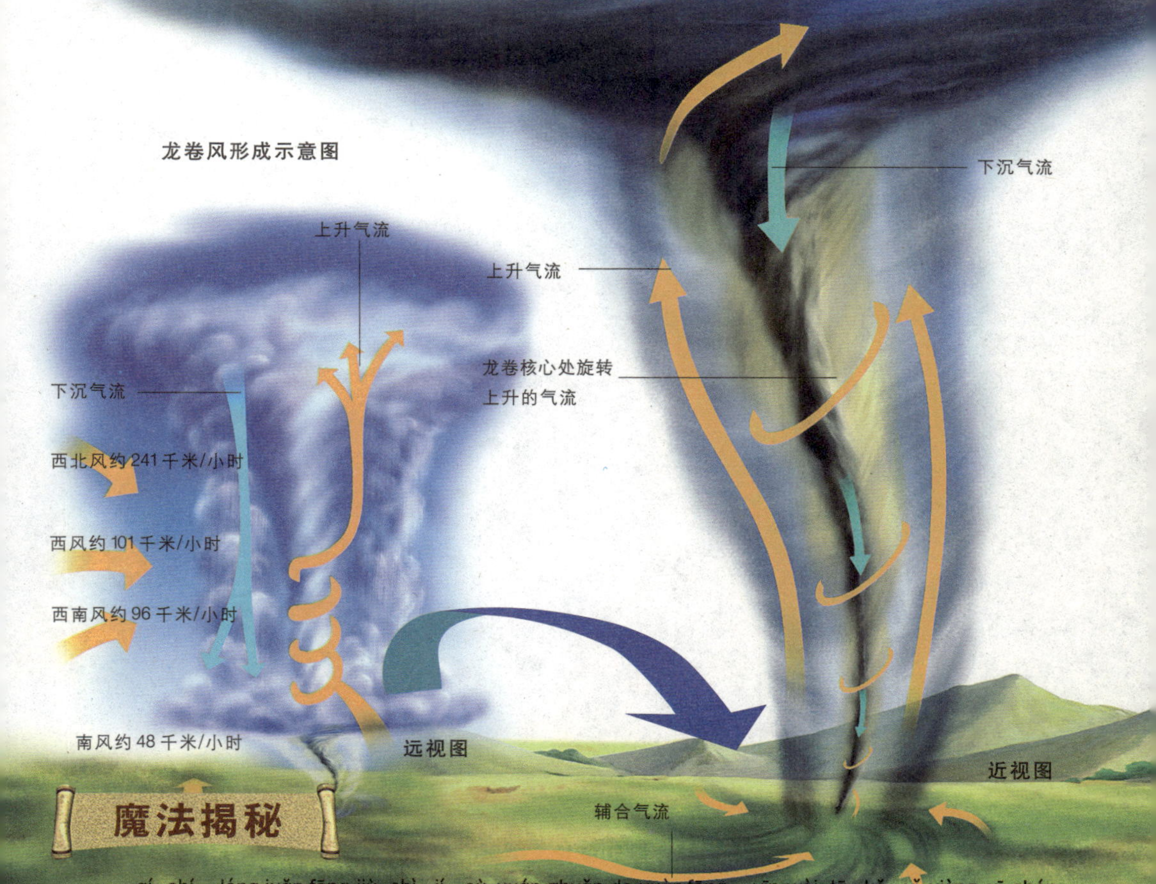


### 魔法揭秘

其实，龙卷风就是急速旋转的旋风，因为它可以像吸尘器一样把东西吸进去，所以会给所到之处造成很大的破坏。

tiān kōng de mó fǎ guī zé
# 天空的魔法规则

fēng miàn de chéng yīn jí lèi xíng
## 锋面的成因及类型

### 自然魔法书

bù guǎn tiān qì rú
不管天气如
hé qiān biàn wàn huà tā
何千变万化，它
zǒng děi yǒu yī ge guī zé
总得有一个规则。
fēng miàn jiù shì zào chéng tiān
锋面就是造成天
qì fā shēng jù liè biàn huà de
气发生剧烈变化的
guī zé tā jiāng lěng nuǎn kōng qì
规则。它将冷暖空气
mó huàn de zǔ hé zài yī qǐ yī
魔幻地组合在一起，一
huìr xíng chéng gāo jī yún yī
会儿形成高积云，一
huìr xíng chéng jī yǔ yún zhì
会儿形成积雨云……致
shǐ dà fēng yǔ xuě tiān qì suí zhī ér lái
使大风雨雪天气随之而来。

### 锋面的形成

fēng miàn yě jiào fēng wéi qì xiàng xué shang de yī ge
锋面也叫锋，为气象学上的一个
jī běn gài niàn shì zhǐ liǎng ge bù tóng wēn dù hé mì dù de
基本概念，是指两个不同温度和密度的
qì tuán xiāng yù shí xíng chéng de xié miàn yóu yú chǔ yú xié
气团相遇时形成的斜面。由于处于斜
miàn liǎng biān de qì tuán wēn dù bù yī yàng suǒ yǐ shuō tā shì
面两边的气团温度不一样，所以说它是
lěng nuǎn qì tuán zhī jiān de yī tiáo guò dù dì dài dāng liǎng
冷暖气团之间的一条过渡地带。当两
ge qì tuán zài fēng miàn xiāng yù shí wǎng wǎng bàn suí zhe mǒu
个气团在锋面相遇时，往往伴随着某
zhǒng xíng shì de jiàng shuǐ lìng wài dǎ léi shǎn diàn huò qí
种形式的降水，另外，打雷、闪电或其
tā è liè tiān qì wǎng wǎng yě suí zhe fēng miàn ér chǎn shēng
他恶劣天气往往也随着锋面而产生。

关于锋的气象符号

气象图

## 锋面的类型

锋有四种类型：冷锋、暖锋、静止锋和锢囚锋。当冷空气主动推动暖空气移动时，就形成了冷空气前锋，简称冷锋。当热空气越过冷空气向上爬升时，就形成了暖空气前锋，简称暖锋。当冷暖空气形成僵局时，这个过渡带就称为静止锋。由于冷锋移速远快于暖锋，冷锋赶上暖锋后，把暖空气抬离地面，近地面层冷暖锋合并而形成的一种锋叫锢囚锋。

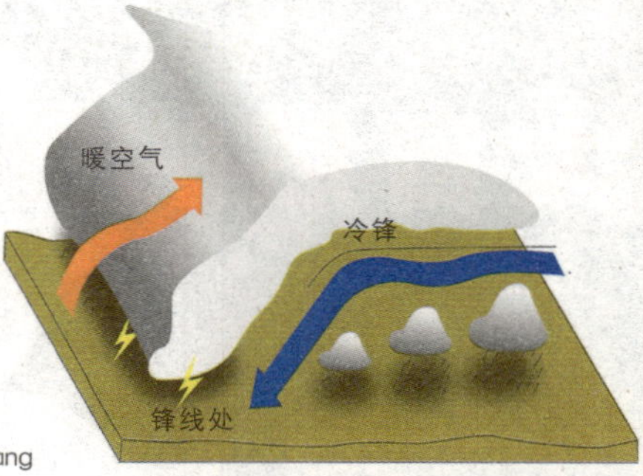


冷锋过境以后，冷气团占据原来暖气团的位置，气温下降，气压升高，天气转晴。

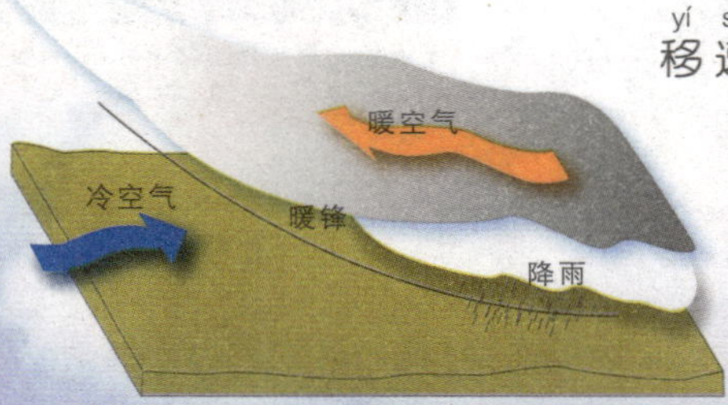


暖锋过境后，气温上升，气压下降，天气多转为云雨天气。

锢囚锋

静止锋

### 魔法揭秘

在天空中，锋面是导致大风、下雨、降雪、打雷、闪电等天气变化的主要原因。

dà zì rán de miàn shā
# 大自然的面纱

wù de xíng chéng
## 雾的形成

### 自然魔法书

qiū tiān de zǎo shang
秋天的早上，
cháng cháng kě yǐ kàn dào
常常可以看到
máng máng de dà wù mián
茫茫的大雾绵
yán zài tiān biān tā men shì
延在天边，它们是
nà me de qīng yíng piāo miǎo
那么的轻盈、缥缈，
ràng rén gǎn jué jìn rù le tóng huà
让人感觉进入了童话
shì jiè měi lì de wù a nǐ
世界。美丽的雾啊，你
lái zì hé fāng yòu jiāng dào hé
来自何方？又将到何
chù qù shì zhú lín zhōng wěi táng
处去？是竹林中，苇塘
lǐ hái shì tián yě de cǎo yè shang
里，还是田野的草叶上……

### 雾的形成

萦绕着的雾气给山林增添了一份缥缈与灵秀。

dāng jiē jìn dì miàn de shuǐ zhēng qì lěng dào zú yǐ biàn chéng shuǐ dī shí wù jiù xíng chéng le zuì cháng jiàn de wù shì fú shè wù
当接近地面的水蒸气冷到足以变成水滴时，雾就形成了。最常见的雾是辐射雾。
qíng lǎng de yè wǎn huò zǎo chen rú kōng qì bǐ jiào cháo shī
晴朗的夜晚或早晨，如空气比较潮湿，
jìn dì miàn de kōng qì céng de wēn dù jiù huì jiàng dī rú
近地面的空气层的温度就会降低。如
guǒ kōng qì zhōng shuǐ zhēng qì jiào duō qì wēn jiàng dào le
果空气中水蒸气较多，气温降到了
guò bǎo hé zhuàng tài duō yú de shuǐ zhēng qì jiù huì níng
过饱和状态，多余的水蒸气就会凝
jié chéng xiǎo shuǐ dī xíng chéng wù yóu yú tā shì yīn dì
结成小水滴，形成雾。由于它是因地
miàn fú shè lěng què ér chéng de suǒ yǐ chēng wéi fú shè wù
面辐射冷却而成的，所以称为辐射雾。

浓雾弥漫的树林

## 冷暖逆流

wù yī bān xíng chéng yú
雾一般形成于
píng jìng qíng lǎng de tiān qì
平静、晴朗的天气，
suǒ yǐ tài yáng de fú shè shǒu
所以，太阳的辐射首
xiān bèi wù xī shōu sǎn shè
先被雾吸收、散射。
zhè yàng wù de shàng duān wēn dù shēng gāo ér jìn dì miàn hái
这样，雾的上端温度升高，而近地面还
shì bǎo chí jiào dī de wēn dù cóng ér zào chéng dà qì wēn dù
是保持较低的温度，从而造成大气温度
fā shēng nì zhuǎn shǐ dì miàn shàng kōng mǐ chù de kōng qì
发生逆转，使地面上空500米处的空气
biàn de bǐ dì miàn hái rè zhè zhǒng xiàn xiàng jiào zuò nì wēn
变得比地面还热，这种现象叫做逆温，
yě jiù shì lěng nuǎn nì liú chū xiàn lěng nuǎn nì liú shí xià
也就是冷暖逆流。出现冷暖逆流时，下
miàn de qì céng jiào wěn dìng dī céng de wū rǎn wù bù yì kuò sàn
面的气层较稳定，低层的污染物不易扩散。

冬季有雾的情况下，雾气或水汽在树枝、电线等表面直接冻结就会形成雾凇，雾凇常呈现毛茸茸的针状。

**云雾缭绕的黄山**

黄山的云雾相当壮观，每当雨后初晴，黄山的山谷之间便云雾缭绕，冉冉上升，成团成片；接着迅速弥漫，穿行于山峦之间，汇成波澜壮阔、浩瀚无边的“海洋”，使人有恍临仙境之感。

## 魔法揭秘

wù shì yī zhǒng cháng jiàn de tiān qì xiàn xiàng dāng dī céng dà qì zhōng shuǐ qì dá dào bǎo
雾是一种常见的天气现象，当低层大气中水汽达到饱
hé zhuàng tài shí shuǐ qì níng jié wù xuán fú zài kōng zhōng jiù huì xíng chéng máng máng dà wù
和状态时，水汽凝结物悬浮在空中，就会形成茫茫大雾
tiān qì zài wǒ guó yán hǎi dì qū hǎi miàn dī céng dà qì zhōng shuǐ zhēng qì níng jié yě huì
天气。在我国沿海地区，海面低层大气中水蒸气凝结，也会
xíng chéng dà wù de xiàn xiàng qí shí yún hé wù méi yǒu shén me gēn běn qū bié wù wéi
形成大雾的现象。其实，云和雾没有什么根本区别，雾为
jiē dì zhī yún yún wéi kōng zhōng zhī wù
接地之云，云为空中之雾。

tiān shang shuǐ shì jiè
# 天上“水世界”

yǔ de xíng chéng
## 雨的形成

### 自然魔法书

yǔ zhè ge dà zì
雨，这个大自
rán de jīng líng zǒng huì zài
然的精灵，总会在
yī dìng de jì jié lǐ lái
一定的季节里来
lín yǒu shí hou tā jìng
临。有时候，它静
qiāo qiāo dì lái xiàng shì cóng
悄悄地来，像是从
tiān ér jiàng de wù yī yàng nà shì
天而降的雾一样，那是
máo máo xì yǔ yǒu shí hou tā
毛毛细雨；有时候，它
xiàng yín hé quē kǒu le shì de huá
像银河缺口了似的，哗
lā yī xià zi luò xià lái nà shì qīng
啦一下子落下来，那是倾
pén dà yǔ
盆大雨……

### 雨的形成

积雨云常常带来降雨。

wǒ men zhī dào
我们知道，
yún shì yóu xǔ duō yī fù zài
云是由许多依附在
kōng qì zá zhì shang de xiǎo shuǐ
空气杂质上的小水
dī zǔ chéng de yī kē yún dī zài níng jié hé níng huá guò
滴组成的。一颗云滴在凝结和凝华过
chéng zhōng huì bù duàn xī shōu zhōu wéi de shuǐ qì dāng shuǐ
程中会不断吸收周围的水汽，当水
qì néng gòu yuán yuán bù duàn de gōng yìng shí yún
汽能够源源不断地供应时，云
dī jiù néng chí xù zēng dà ér chéng wéi yǔ dī
滴就能持续增大而成为雨滴。
tóng shí dà yún dī hái huì jù jí hěn duō xiǎo yún
同时，大云滴还会聚集很多小云
dī shǐ zì jǐ gèng jiā zhuàng dà dāng zhè xiē yǔ
滴使自己更加壮大。当这些雨
dī de zhòng liàng zēng dà dào yī dìng chéng dù shí
滴的重量增大到一定程度时，
tā men biàn wú fǎ piāo fú zài kōng zhōng yú shì zài zhòng
它们便无法飘浮在空中，于是在重
lì de zuò yòng xià luò xià lái xíng chéng jiàng yǔ
力的作用下落下来形成降雨。

毛毛雨

## 多姿多彩的雨

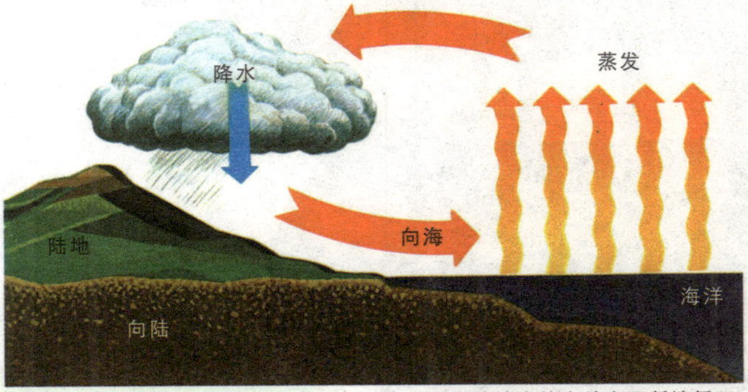


天空和陆地中的水总在不断地循环。

yǔ yǒu hěn duō zhǒng lèi rú
雨有很多种类，如
máo máo yǔ léi zhèn yǔ dòng yǔ
毛毛雨、雷阵雨、冻雨、
huàn yǔ fēng miàn yǔ děng máo máo
幻雨、锋面雨等。毛毛
yǔ xíng chéng yú lí dì miàn jiào dī de
雨形成于离地面较低的
yún céng zhōng yǔ dī hěn wēi xiǎo dòng yǔ yòu jiào yǔ sōng dōng
云层中，雨滴很微小。冻雨又叫雨凇。冬
tiān dāng kōng zhōng de yǔ luò dào jìn dì miàn hěn lěng de diàn xiàn
天，当空中的雨落到近地面很冷的电线、
wù tǐ hé dì miàn shang shí lì jí níng jié chéng bīng jiù xíng
物体和地面上时，立即凝结成冰，就形
chéng le dòng yǔ huàn yǔ jiù shì yǔ hái méi yǒu luò dào dì miàn
成了冻雨。幻雨就是雨还没有落到地面
biàn zài bàn kōng zhōng xiāo shī le de yǔ zhè zhǒng yǔ yì bān chū
便在半空中消失了的雨，这种雨一般出
xiàn zài shā mò dì qū
现在沙漠地区。

云和雨滴的落下速度

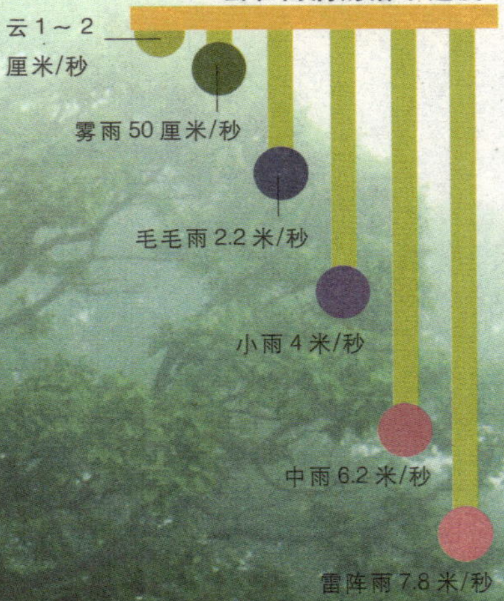


雨滴的形成

雨滴从凝结核开始，在运动过程中会形成冰晶或雪花。发生于热带地区的雨滴直接源于凝结核，而不会形成雪花。

### 魔法揭秘

dāng tiān kōng zhōng de yún duī jī dào yí dìng chéng dù shí jiù huì biàn chéng yǔ luò dào
当天空中的云堆积到一定程度时，就会变成雨落到
dì miàn shang
地面上。

jīng yíng de lǐ wù
# 晶莹的礼物

## 自然魔法书

zài bù tóng de jì jié
在不同的季节
li dà zì rán zǒng huì sòng
里，大自然总会送
gěi wǒ men yī xiē jīng yíng de
给我们一些晶莹的
lǐ wù xià tiān de qīng
礼物。夏天的清
chén tā huì zài nà shù yè cǎo
晨，它会在那树叶草
cóng jiān guà mǎn měi lì jīng yíng de
丛间挂满美丽晶莹的
lù zhū dōng tiān zé huì zài bō
露珠；冬天，则会在玻
li chuāng shang huà yī xiē jīng měi de
璃窗上画一些精美的
chuāng huā hái huì gěi wǒ men sù zào
窗花，还会给我们塑造
yī shù shù qí tè de bīng guà
一树树奇特的冰挂……

lù shuāng bīng de xíng chéng
## 露、霜、冰的形成

### 露从哪里来

露

lù shì shuǐ qì yǐ
露是水汽以
yè dī xíng shì níng jié zài
液滴形式凝结在
dì miàn wù tǐ shang de
地面物体上的
xiǎo shuǐ zhū zài qíng lǎng de yè wǎn dì miàn qì wēn jiàng
小水珠。在晴朗的夜晚，地面气温降
dī hěn kuài dāng dì miàn wēn dù lěng què dào shǐ jìn dì miàn
低很快，当地面温度冷却到使近地面
kōng qì zhōng de shuǐ qì hán liàng dá dào bǎo hé shí kōng
空气中的水汽含量达到饱和时，空
qì zhōng de shuǐ zhēng qì yù dào jiào lěng de huā cǎo huò shù
气中的水蒸气遇到较冷的花草或树
yè biǎo miàn biàn huì níng jié chéng
叶表面便会凝结成
xiǎo shuǐ zhū chéng wéi lù
小水珠，成为露
shuǐ lù shuǐ duì zhí wù de
水。露水对植物的
shēng zhǎng shí fēn yǒu yì
生长十分有益。

霜

霜是秋冬季节附着在地面或物体表面的小冰晶。

## 霜及霜花

yè wǎn dāng dì miàn wù tǐ biǎo miàn huò dì miàn qì wēn xià jiàng
夜晚，当地面物体表面或地面气温下降
dào yǐ xià shí jiē jìn dì miàn de kōng qì zhōng de shuǐ qì huì
到0℃以下时，接近地面的空气中的水汽会
dá dào bǎo hé yú shì kōng qì zhōng de shuǐ huì zài dì miàn zhí
达到饱和，于是空气中的水会在地面，植
wù de yè zi hé zhī gàn shang lì kè dòng jié xíng chéng shuāng
物的叶子和枝干上立刻冻结，形成霜。
zài wǒ guó běi fāng dōng jì tiān qì yán hán shí shì nèi qì wēn gāo
在我国北方，冬季天气严寒时，室内气温高，
kōng qì zhōng shuǐ qì yě hěn fēng fù dāng nuǎn shī kōng qì yī jiē chù
空气中水汽也很丰富，当暖湿空气一接触
dào bīng lěng de bō li chuāng shí biàn huì níng jié chéng wēi xiǎo de bīng
到冰冷的玻璃窗时，便会凝结成微小的冰
jīng xíng chéng měi lì de chuāng huā
晶，形成美丽的窗花。

**霜冻**

许多人认为霜冻就是霜，把二者看成是一种天气现象。其实，霜是天气现象。而霜冻却是指日平均温度在10℃以上的日子里，由于冷空气的入侵，使土壤表面及近地面空气的温度骤降至0℃以下，导致农作物遭受冻害的现象。

**冰挂**

水凝结成冰，但在不同的条件下会形成不同的形状。冰挂是由树枝滴下的水滴在落地之前凝固并逐渐延长而形成的。

### 魔法揭秘

kōng qì zhōng wēn dù jiàng dào yī dìng chéng dù shí jìn dì miàn de shuǐ zhēng qì yù dào
空气中温度降到一定程度时，近地面的水蒸气遇到
jiào lěng de huā cǎo huò shù yè jiù huì níng jié chéng lù zhū huò shuāng huā ér shuǐ jiù huì níng
较冷的花草或树叶，就会凝结成露珠或霜花，而水就会凝
jié chéng bīng
结成冰。

冰川

měi lì de tiān nǚ sàn huā

# 美丽的天女散花

xuě de xíng chéng

## 雪的形成

### 自然魔法书

zài hán lěng de dōng
在寒冷的冬
tiān li xuě huā fēn fēn
天里，雪花纷纷
yáng yáng cóng tiān shang
扬扬，从天上
piāo xià lái wú shēng de luò
飘下来，无声地落
zài dì shang bǎ zhěng gè dà
在地上，把整个大
dì dōu biàn chéng le fěn zhuāng yù
地都变成了粉装玉
qì de shì jiè zǒu zài lù shang
砌的世界。走在路上，
yī piàn jié bái chōng mǎn le xiáng
一片洁白，充满了祥
hé yǔ níng jìng zhēn xiàng tóng huà li
和与宁静，真像童话里
de shì jiè
的世界！

### 雪的形成

dāng yún zhōng de wēn dù wéi
当云中的温度为 −20℃～−40℃
shí shuǐ qì huì zhí jiē dòng jié chéng xiǎo bīng jīng dāng xiǎo
时，水汽会直接冻结成小冰晶。当小
bīng jīng zài yún céng li dá dào bǎo hé shí yún zhōng de shuǐ
冰晶在云层里达到饱和时，云中的水
qì zài bīng jīng biǎo miàn shang níng huá dāng xiǎo bīng jīng zēng
汽在冰晶表面上凝华。当小冰晶增
dà dào néng gòu kè fú kōng qì de zǔ lì hé fú lì shí biàn
大到能够克服空气的阻力和浮力时，便
luò dào dì shang xíng chéng jiàng xuě
落到地上，形成降雪。

在寒冷的冬天，经常会下雪。

## 雪的形状

zǔ chéng xuě huā de bīng jīng xíng tài gè bù xiāng tóng tā men yǒu de
组成雪花的冰晶形态各不相同，它们有的
xiàng xīng xing yǒu de xiàng shù zhī yǒu de xiàng cì wei dàn zài fàng dà jìng xià
像星星，有的像树枝，有的像刺猬。但在放大镜下
kě yǐ kàn dào tā men de xíng zhuàng dōu shì liù jiǎo xíng tú àn zhè shì yóu
可以看到，它们的形状都是六角形图案。这是由
yú zài dà qì zhōng shuǐ fēn zǐ
于在大气中，水分子
jié bīng shí dōu shì liù fāng jīng tǐ
结冰时都是六方晶体
de yuán gù yóu yú měi yī piàn
的缘故。由于每一片
bīng jīng zhōu wéi wēn dù hé shī dù
冰晶周围温度和湿度
de chā yì bīng jīng de gè gè
的差异，冰晶的各个
cè miàn shēng zhǎng de sù dù yě
侧面生长的速度也
bù tóng yīn cǐ jiù xíng chéng le
不同，因此就形成了
gè zhǒng xíng tài de bīng jīng dà
各种形态的冰晶。大
zì rán zhōng jī hū zhǎo bù chū liǎng
自然中几乎找不出两
ge xíng zhuàng dà xiǎo wán quán
个形状、大小完全
xiāng tóng de bīng jīng
相同的冰晶。

**美丽的雪花胚胎**

雪花是大自然的杰作。在显微镜下，雪花的形状千姿百态，有片状、星状或柱状等。

雪花的形成

美丽的雪世界

### 魔法揭秘

gāo kōng zhōng de shuǐ qì zhí jiē níng jié chéng liù
高空中的水汽直接凝结成六
jiǎo xíng de xiǎo bīng jīng bìng cóng tiān shang jiàng dào dì miàn jiù xíng chéng le xuě huā
角形的小冰晶，并从天上降到地面，就形成了雪花。

qí yì de tiān xiàng
# 奇异的天象

zì rán mó fǎ shū
## 自然魔法书

tiān kōng zhōng cháng
天空中常
cháng chū xiàn gè zhǒng gè
常出现各种各
yàng qí yì de guāng rú
样奇异的光，如：
yè li chū xiàn zài dì qiú
夜里出现在地球
nán běi liǎng jí fù jìn wǔ yán
南北两极附近五颜
liù sè de jí guāng xià rì yǔ hòu
六色的极光；夏日雨后
guà zài tiān kōng de cǎi hóng duō yún
挂在天空的彩虹；多云
duō wù shān qū guī lì shén qí de qī
多雾山区瑰丽神奇的七
cǎi fó guāng shā mò dì qū shén mì
彩佛光；沙漠地区神秘
guǐ yì de hǎi shì shèn lóu
诡异的海市蜃楼……

cǎi hóng jí guāng fó guāng jí hǎi shì shèn lóu
## 彩虹、极光、佛光及海市蜃楼

### 神奇的极光

jí guāng tōng cháng chū xiàn zài jí dì fù jìn qū
极光通常出现在极地附近区
yù de shàng kōng dà duō fā shēng zài lí dì miàn qiān
域的上空，大多发生在离地面100千
mǐ de dà qì céng zhōng jí guāng duō zī duō cǎi yǒu
米的大气层中。极光多姿多彩，有
hú zhuàng dài zhuàng hé shè xiàn zhuàng děng duō zhǒng xíng
弧状、带状和射线状等多种形
zhuàng chéng xiàn chū hóng sè lán sè lǜ sè zǐ sè
状，呈现出红色、蓝色、绿色、紫色
děng bù tóng de yán sè tā shì tài yáng guāng hé dà qì
等不同的颜色。它是太阳光和大气
céng xiāng hù zuò yòng chǎn shēng de fā shēng zài nán jí
层相互作用产生的。发生在南极
dì qū shí jiào nán jí guāng
地区时叫南极光；
fā shēng zài běi jí dì qū
发生在北极地区
shí chēng wéi běi jí guāng
时，称为北极光。

美丽的极光

绚丽的彩虹

## 彩虹

tài yáng guāng kàn qǐ lái shì bái sè de qí shí shì duō zhǒng yán sè de hùn hé yǔ hòu kōng qì zhōng hán yǒu xǔ duō xiǎo yǔ dī dāng tài yáng guāng tōng guò zhè xiē yǔ dī shí fā shēng zhé shè hé fǎn shè rán hòu fēn jiě chéng gè zhǒng yán sè yǔ dī fǎn shè chū de guāng yǒu de chéng huáng sè yǒu de chéng hóng sè yǒu de chéng lǜ sè děng tā men àn zhào yí dìng de shùn xù hóng chéng huáng lǜ qīng lán zǐ pái liè qǐ lái jiù chéng le wǒ men kàn dào de qī sè cǎi hóng

太阳光看起来是白色的，其实是多种颜色的混合。雨后空气中含有许多小雨滴，当太阳光通过这些雨滴时，发生折射和反射，然后分解成各种颜色。雨滴反射出的光有的呈黄色，有的呈红色，有的呈绿色等。它们按照一定的顺序——红、橙、黄、绿、青、蓝、紫排列起来，就成了我们看到的七色彩虹。

四川峨眉山常出现神奇的佛光。

**海市蜃楼奇观**

在沙漠里，有时突然看见前方有一片绿洲，可是走近了，却发现只是幻影，这就是光线经过不同密度的大气层发生折射或反射，将远处某个绿洲反映在空中或地面而产生的"海市蜃楼"景象。

## 魔法揭秘

shí jì shang cǎi hóng jí guāng fó guāng jí hǎi shì shèn lóu děng qí miào de jǐng guān dōu shì dì qiú dà qì céng duì tài yáng guāng jìn xíng fǎn shè zhé shè yǎn shè sǎn shè děng zuò yòng de jié guǒ

实际上，彩虹、极光、佛光及海市蜃楼等奇妙的景观都是地球大气层对太阳光进行反射、折射、衍射、散射等作用的结果。

## 图书在版编目（CIP）数据

自然魔法／龚勋主编．—汕头：汕头大学出版社，2012.1（2021.6重印）

ISBN 978-7-5658-0491-5

Ⅰ.①自… Ⅱ.①龚… Ⅲ.①自然科学—少儿读物 Ⅳ.①N49

中国版本图书馆CIP数据核字（2012）第003492号

# 自然魔法
ZIRAN MOFA

总策划 邢 涛
主　编 龚 勋
责任编辑 胡开祥
责任技编 黄东生
出版发行 汕头大学出版社
广东省汕头市大学路243号
汕头大学校园内
邮政编码 515063
电　话 0754-82904613

印　刷 唐山楠萍印务有限公司
开　本 705mm×960mm 1/16
印　张 10
字　数 150千字
版　次 2012年1月第1版
印　次 2021年6月第7次印刷
定　价 37.00元
书　号 ISBN 978-7-5658-0491-5